MON PROF
à la maison

MATHS – CM1

Conception des activités

Camille Denoël   Barbara Remy

rue des écoles

Éditions rue des écoles – 7/9, rue Saint-Germain l'Auxerrois – 75001 Paris
EAN : 9782820816443
Achevé d'imprimer en Espagne, par Mazarine Networks en mai 2024
Dépôt légal : juin 2024

FSC
www.fsc.org
MIXTE
Papier issu de sources responsables
FSC® C105899

Avant-propos

La collection « Mon prof à la maison » constitue un support idéal pour renforcer les notions étudiées en mathématiques tout au long de l'année scolaire. Les activités proposées accompagnent l'enfant pas à pas dans l'acquisition et le renforcement des connaissances et compétences indispensables à sa progression.

Ne soyez pas inquiet s'il a besoin de temps et de pratique pour maîtriser la complexité des nombres : les enfants n'avancent pas tous au même rythme. N'oubliez pas que si le comptage et les opérations sont largement automatisés chez les adultes, les enfants en découvrent les principes.

Patience, accompagnement bienveillant et encouragements sont de véritables moteurs pour la réussite de tous.

Contenu du cahier

Des pages d'exercices Les activités présentes dans ce cahier sont centrées sur les compétences mathématiques abordées tout au long de l'année de CM1.

Des pages d'évaluation Après huit à dix leçons, une évaluation est proposée afin de faire le point sur les notions acquises. Ces bilans permettent de constater les progrès réalisés ou les éventuelles difficultés rencontrées.

Des pages mémo Présents en fin d'ouvrage, ces mémos sont une aide pour les exercices et les évaluations. Votre enfant peut s'y référer aussi souvent qu'il le souhaite.

Des pages de matériel Des éléments à découper et à manipuler offrent un appui au raisonnement et favorisent le passage du concret à l'abstrait.

Des corrigés détachables Vous pouvez retirer les pages de corrigés afin d'éviter à votre enfant la tentation de consulter les réponses.

J'interviens à chaque page pour donner des conseils méthodologiques et des astuces qui aident à réaliser les exercices.

Sommaire

MÉMOS

MATÉRIEL

Les longueurs

JE RETIENS

km	hm	dam	m	dm	cm	mm
		7	5	3		
1	3	0	4			
1	2,	6				

Le chiffre de la partie entière, à gauche de la virgule, concerne l'unité dont l'on parle.
Exemple : 753 dm, 1 304 m, 12,6 hm

1 Colorie de la même couleur les longueurs égales.

234 cm — 234 m — 0,17 km — 1,7 hm — 17 hm — 2 340 mm

1 700 m — 234 000 mm — 17 dam — 17 000 cm — 2 340 dm — 2,34 m

2 Relie les longueurs identiques.

167 dm + 20 cm •	• 1 690 m	123 dam + 6 m •	• 123,6 dam
16 dam + 90 dm •	• 1 690 cm	120 dm + 36 cm •	• 0,1236 km
16 hm + 90 m •	• 1 690 dm	123 m + 6 dm •	• 0,1236 hm

3 **a.** Range les hauteurs de ces arbres dans l'ordre croissant, de la plus petite à la plus grande.

Baobab	Acacia	Candélabre	Herbe à éléphant	Épine sifflante
300 dm	400 cm	1 500 cm	300 cm	6000 mm

.... < .... < .... < .... < ....

b. Nomme ensuite chaque arbre.

....

*Tu trouveras à la **page 50** un tableau qui t'aidera à réaliser cet exercice. Tu ne peux écrire qu'un chiffre par colonne !*

Perpendiculaires et parallèles

JE RETIENS

Les droites **perpendiculaires** se coupent en formant un **angle droit** ; on utilise **l'équerre** pour les tracer ou les trouver.

Les droites **parallèles** ne **se coupent jamais** et sont toujours à la **même distance** l'une de l'autre.

1 Repasse en **rouge** les droites perpendiculaires, et en **bleu** les droites parallèles.

a.

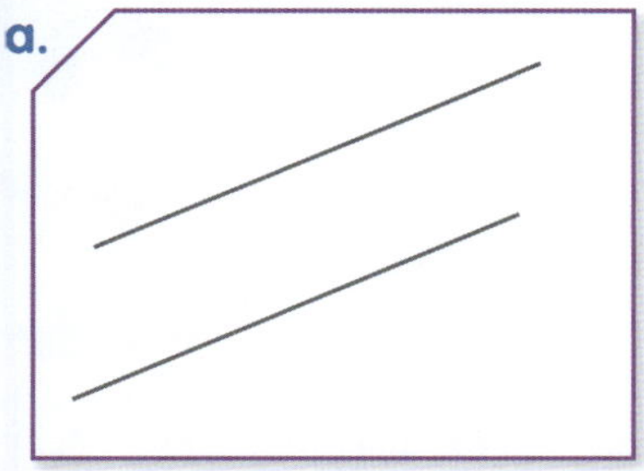

b.

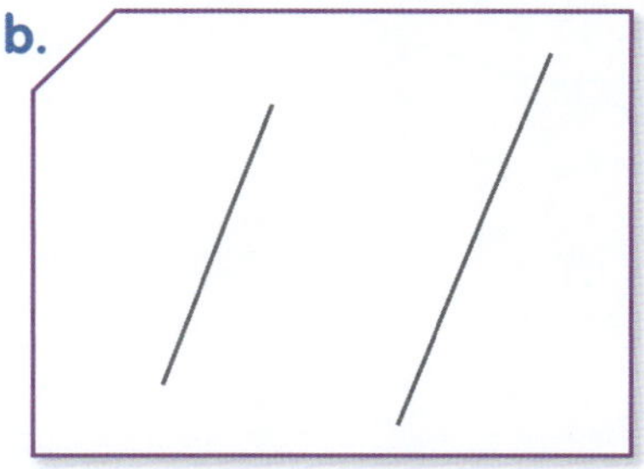

c.

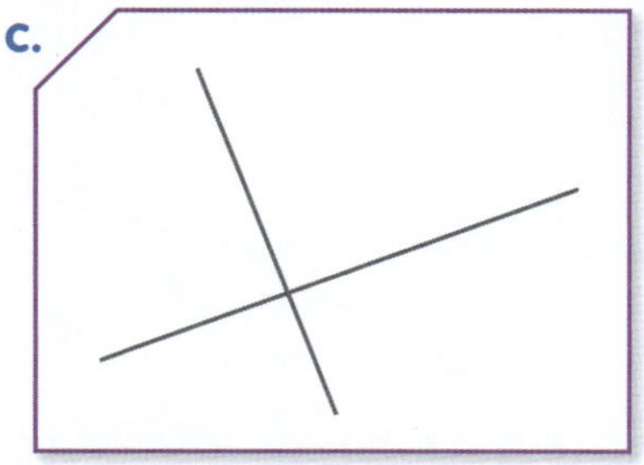

2 Trace les droites suivantes avec ta règle et ton équerre, n'oublie pas de nommer les droites : (d2) perpendiculaire à (d1), (d3) parallèle à (d2), (d4) perpendiculaire à (d3), (d5) parallèle à (d4). Marque en **rouge** l'angle droit quand les droites sont perpendiculaires.

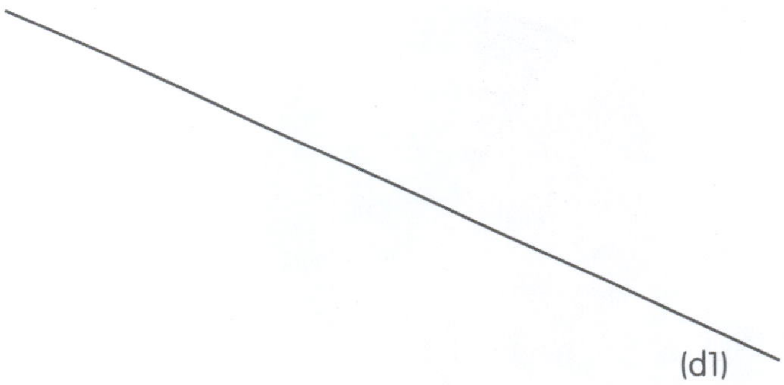

3 Vrai ou faux ?

a. (d2) est parallèle à (d5).

→ ....

b. (d3) est perpendiculaire à (d4).

→ ....

DÉFI

Calcule le plus vite possible.

Un stade peut accueillir 20 000 personnes. Pour le match Paris-Lyon, le stade est plein, et 12 000 supporters sont venus soutenir les joueurs parisiens. Combien de personnes ne sont pas supporters de l'équipe de Paris ?

→ ....

Tableaux et graphiques

1 Voici l'évolution de la taille d'Abel depuis sa naissance. Complète le tableau et le graphique en t'aidant des données.

Âge	1	3	5	7	9	11	13	15	17
Taille en cm	....	....	....	....	....	140	160	170	180

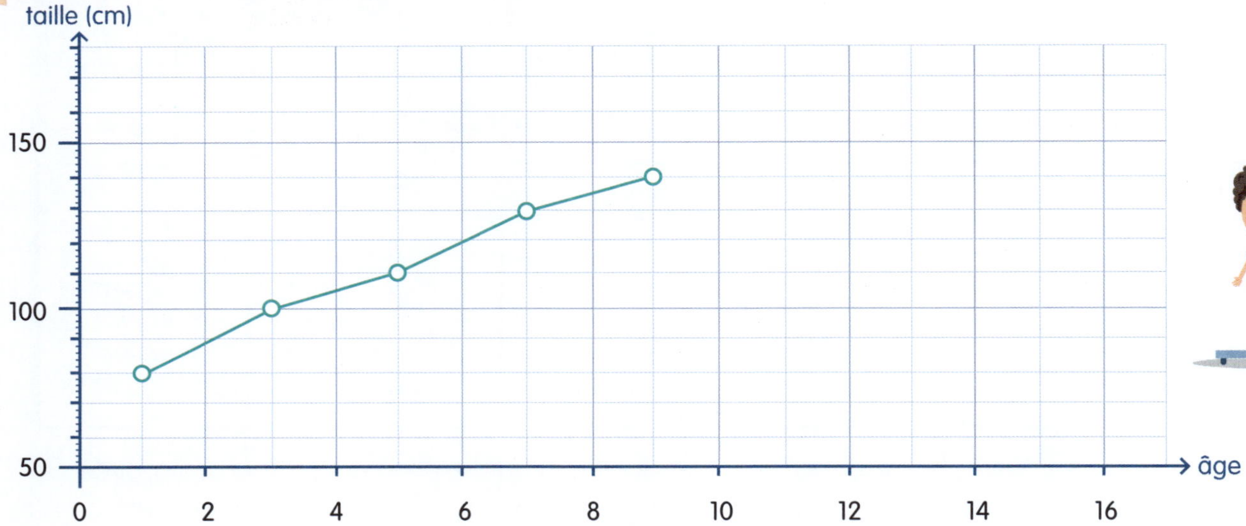

2 Complète ce texte grâce aux données du diagramme ci-dessous :

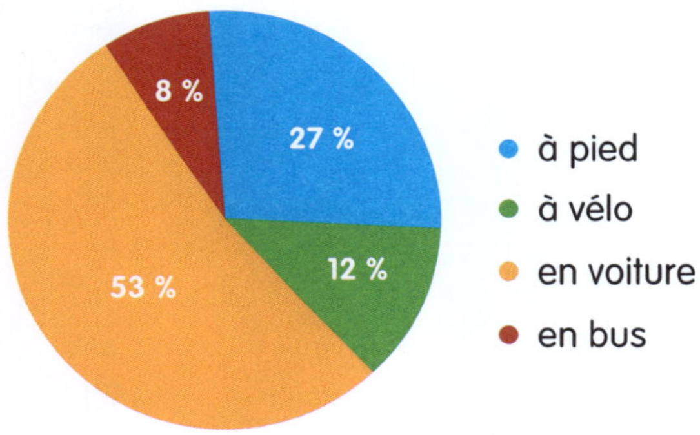

Au lycée d'Abel, ... % des élèves se rendent en classe à vélo. La plupart des enfants utilisent .... pour s'y rendre. Seulement 27 % des élèves y vont ....

Le moyen de transport le moins utilisé pour aller au lycée est ....

.... % des élèves utilisent des déplacements doux (qui ne polluent pas) et .... % des élèves utilisent des véhicules à moteur pour aller au lycée.

Un graphique ou un diagramme permet de représenter autrement des données numériques. Ils t'aident à te rendre plus facilement compte des écarts et des proportions.

Ordre de grandeur

1 Colorie en respectant le code couleur qui correspond au résultat le plus proche de chaque opération du papillon.

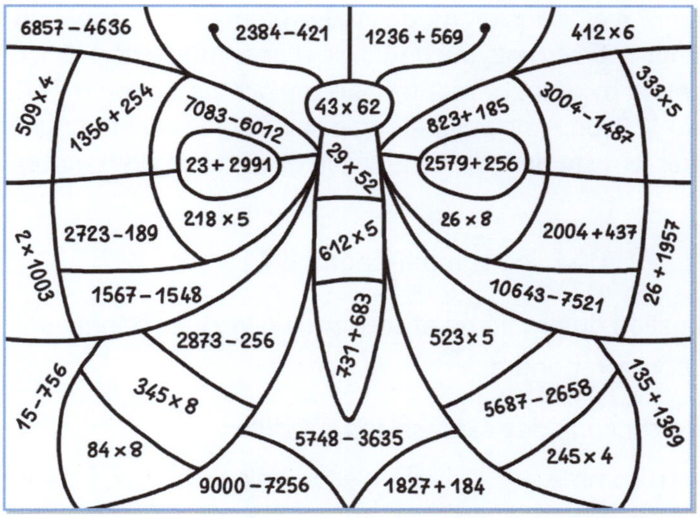

- (rouge) = 1 000
- (jaune) = 1 500
- (bleu) = 2 000
- (vert) = 2 500
- (orange) = 3 000

2 Pour chaque calcul, barre les ordres de grandeur qui ne sont pas corrects.

a. 688 + 591 = 2 000 — 1100 — 1300

b. 293 × 5 = 1000 — 700 — 1500

c. 1900 – 198 = 1000 — 1700 — 2 000

d. 990 : 3 = 100 — 300 — 330

Arrondis les nombres pour faciliter le calcul de tête : 668 + 591 est proche de 700 + 600, donc l'ordre de grandeur sera de 1 300 !

3 Calcule le prix approximatif que tu devras payer pour chacun de ces achats.

a. Le skate et le casque : .... € + ... € → .... €

b. La trottinette et les baskets : .... € + ... € → .... €

c. Les genouillères et le sweat-shirt : .... € + ... € → .... €

DÉFI

Calcule le plus vite possible.

Il existe 575 espèces d'oiseaux en Amazonie, mais 700 espèces sont connues, au total, en Amérique du Sud. Combien d'espèces ne vivent pas en Amazonie ?

→ ....

Comprendre l'énoncé d'un problème (1)

1 Lis attentivement l'énoncé du problème, puis réponds aux questions.

Alex a 18 ans. Pour son anniversaire, il a reçu deux billets de 50 € de la part de ses grands-parents. Il se rend en ville par le bus n° 4 et, dans un magasin de vêtements, il achète un sweat-shirt à 25 € et un pantalon au même prix, mais qui bénéficie d'une remise de 5 €. Il achète aussi une paire de chaussettes et un pyjama. Le montant de ses achats s'élève à 71 €. Puis il se rend à la médiathèque située au 125 rue Principale, et règle son abonnement annuel de 10 €. Enfin, il décide d'économiser le reste de la somme reçue et se rend à la banque, située à 3 km de la médiathèque.

Combien d'argent va-t-il déposer sur son compte-épargne ?

a. Souligne en **bleu** la question du problème et souligne en **vert** les données qui peuvent être utiles pour y répondre.

b. Coche la signification de chacune des expressions suivantes.

« Le montant »	☐ La somme	☐ L'économie	☐ Le tarif
« La remise »	☐ La suppression	☐ L'augmentation	☐ La réduction
« Il règle »	☐ Il mesure	☐ Il paie	☐ Il annule
« Économiser »	☐ Dépenser	☐ Diminuer	☐ Épargner

c. Réponds par vrai ou faux.

Alex a reçu 50 €.	☐ **VRAI**	☐ **FAUX**
On peut calculer le prix du pantalon.	☐ **VRAI**	☐ **FAUX**
On peut calculer le prix du pyjama.	☐ **VRAI**	☐ **FAUX**
On peut calculer le prix des chaussettes.	☐ **VRAI**	☐ **FAUX**
Chaque année, Alex doit payer 10 € à la médiathèque.	☐ **VRAI**	☐ **FAUX**
Alex va déposer 100 € à la banque.	☐ **VRAI**	☐ **FAUX**

Avant de résoudre un problème, il faut le comprendre ! Lis l'énoncé attentivement et relève toutes les données utiles. Tu peux aussi t'aider d'un schéma.

2 Dessine un schéma et réponds à la question sans effectuer de calcul.

Cette tablette de chocolat est composée de 5 barres de 6 carrés chacune. Papa mange une barre. Maman mange deux carrés. Justine et Léo mangent 4 carrés chacun. Amanda mange deux fois plus de chocolat que Papa. Ève annonce : « Gardez-moi une barre entière ! »

Y aura-t-il assez de chocolat pour Ève ?

→ ....

Lire et écrire les grands nombres

JE RETIENS

Lorsqu'on écrit des grands nombres, il faut laisser un espace entre chaque classe.

Millions			Milliers			Unités		
c	d	u	c	d	u	c	d	u

N'oublie pas d'accorder cent(s) et vingt(s) s'il n'y a pas de chiffre après. Mille est invariable.

1 Barre les nombres qui sont mal écrits (des espaces oubliés par exemple) et réécris-les correctement.

a. 23456 → ....

b. 654 987 → ....

c. 679 32 → ....

d. 123000 → ....

e. 453 678 → ....

f. 567 89 → ....

2 Complète avec un « s » lorsque cela est nécessaire.

a. quatre-vingt .... -dix

b. deux mille ....

c. cent .... dix-sept

d. sept million ....

e. deux cent ....

f. trois cent .... dix mille ....

3 Madame Leroy a gagné trois cent dix-huit millions cinq cent six mille quatre-vingts euros au loto. Remplis son chèque.

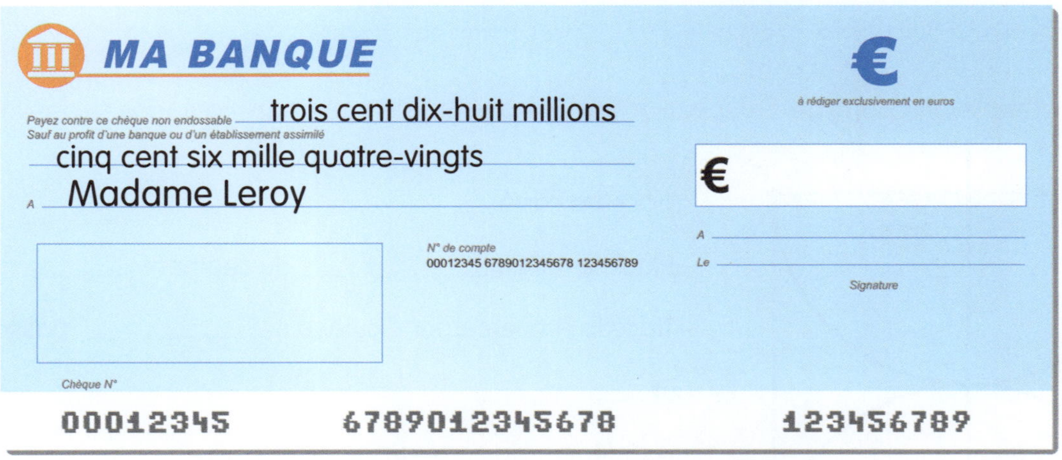
MA BANQUE

€

à rédiger exclusivement en euros

Payez contre ce chèque non endossable trois cent dix-huit millions

Sauf au profit d'une banque ou d'un établissement assimilé

cinq cent six mille quatre-vingts

A Madame Leroy

€

A

Le

Signature

N° de compte

00012345 6789012345678 123456789

Chèque N°

00012345 6789012345678 123456789

DÉFI

Calcule le plus vite possible.

J'achète une voiture à 5 820 euros et j'ajoute des options pour 180 euros. Combien vais-je payer la voiture tout équipée ?

→ ....

Décrire et reproduire une figure

1 Reproduis la figure suivante en utilisant le quadrillage.

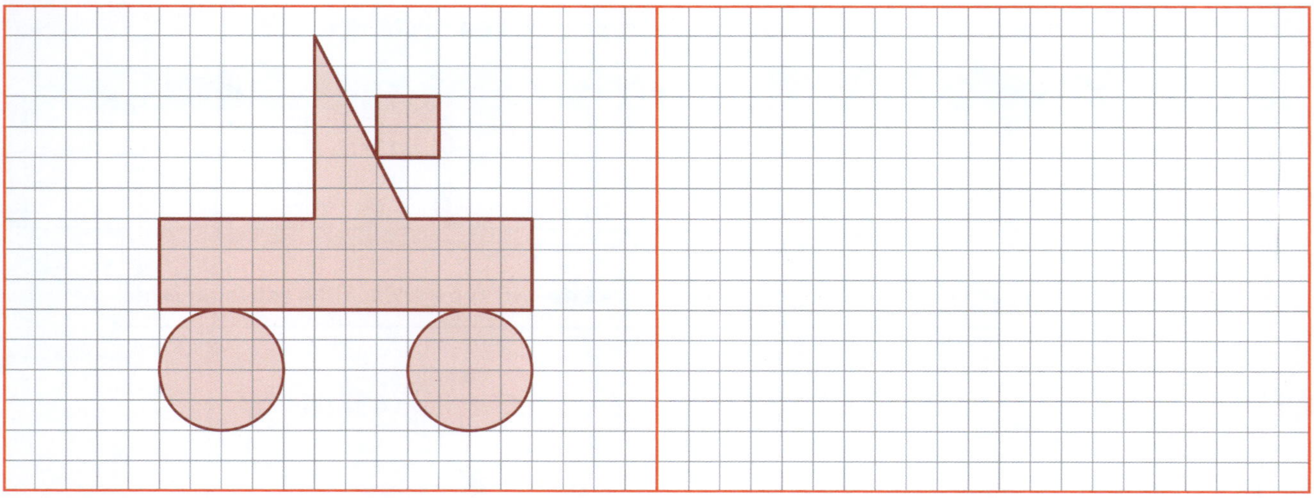

2 Suis les étapes de ce programme de construction pour réaliser la figure dans le cadre.

- Trace un segment [AB] de longueur 4 cm.
- Place le milieu M du segment [AB].
- Trace la droite perpendiculaire à [AB] passant par le point M.
- Sur cette droite, place un point N.
- Trace les segments [NA] et [NB].
- Mesure les longueurs NA et NB. Que remarques-tu ?

→ ....

3 Complète le programme de construction qui permet de construire la figure ci-dessous.

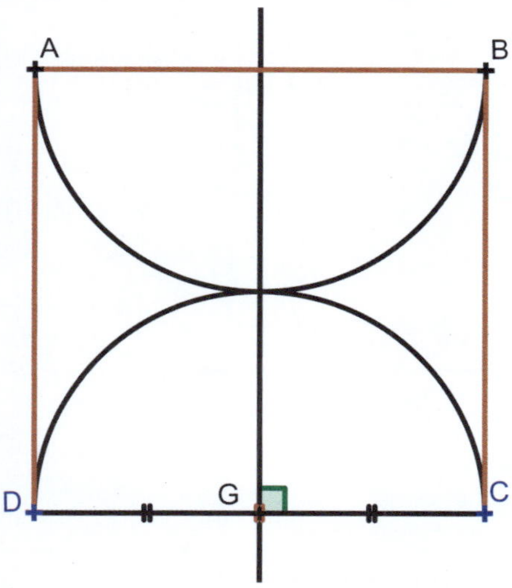

- Trace un carré ....
- Place le milieu .... du segment ....
- Trace la droite perpendiculaire à .... passant par ....
- À l'intérieur du carré, trace deux .... : l'un passant par .... et ...., l'autre passant par .... et ....

Teste ton programme de construction, et vois si tu obtiens la figure d'origine !

Opérations sur les nombres entiers - additions et soustractions

1 Résous ces opérations.

a.

	1	2	4	8	9	0
+	1	5	3	7	3	2
=						

b.

	8	8	2	5	5
−	6	7	0	6	5
=					

N'oublie pas les retenues !

2 À ton tour de poser et calculer ces opérations.

a. 76 054 + 88 169

b. 312 563 – 203 655

Souviens-toi : il faut toujours commencer par les unités.

3 L'un des calculs d'Alexandra est faux. Trouve lequel et explique pourquoi à un adulte.

a.

	①					
	5	6	2	1	5	1
+	2	8	2	4	3	6
=	8	4	4	5	8	7

b.

						①
	7	8	2	6	4	5
					-1	
−	4	5	2	1	8	6
=	3	3	0	5	5	9

DÉFI

Déplace une allumette pour que l'opération soit correcte.

Se repérer dans l'espace

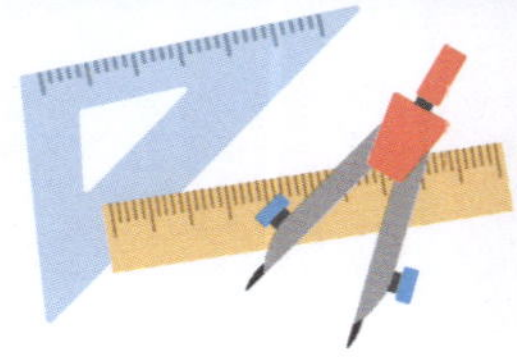

JE RETIENS

Dans un quadrillage, on peut avoir besoin de repérer :

- une **case**

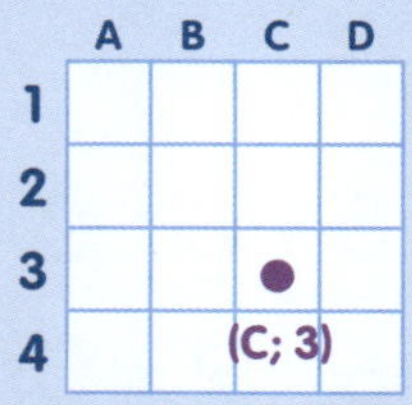

- un **croisement**

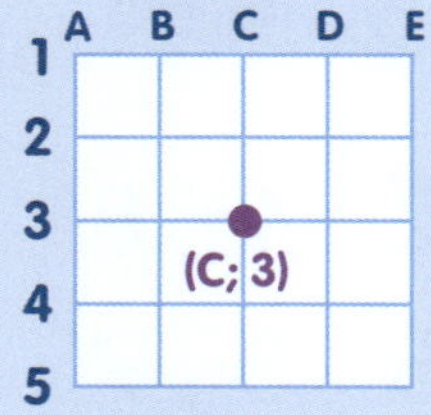

1 Aide Laura la pirate à trouver le trésor ! Suis ses instructions, puis indique les coordonnées exactes de l'endroit où elle devra creuser.

- Regarde où je me trouve, puis dirige-toi vers le sud sur 200 mètres.
- Tourne vers l'est sur 500 mètres, puis marche vers le sud pendant 100 mètres.
- Dirige-toi vers le cocotier sur 400 mètres.
- Marche vers le sud pendant 300 mètres.
- Avance de 600 mètres en regardant la cascade.
- Accélère le pas en marchant vers le volcan pendant 200 mètres.
- Tu es arrivé(e) ! Note les coordonnées du trésor : (................ ; ....).

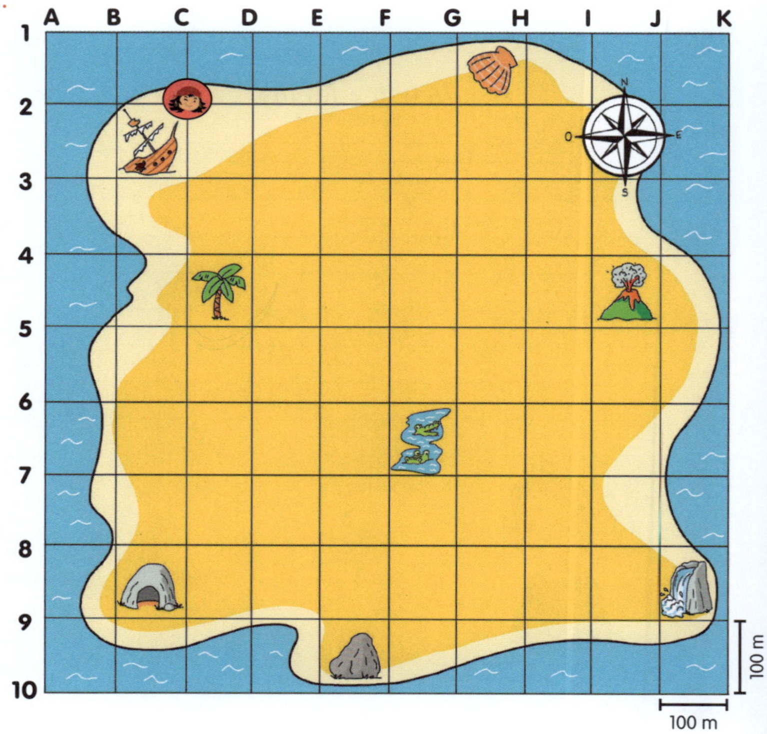

2 Place les points sur le quadrillage, puis réponds aux questions.

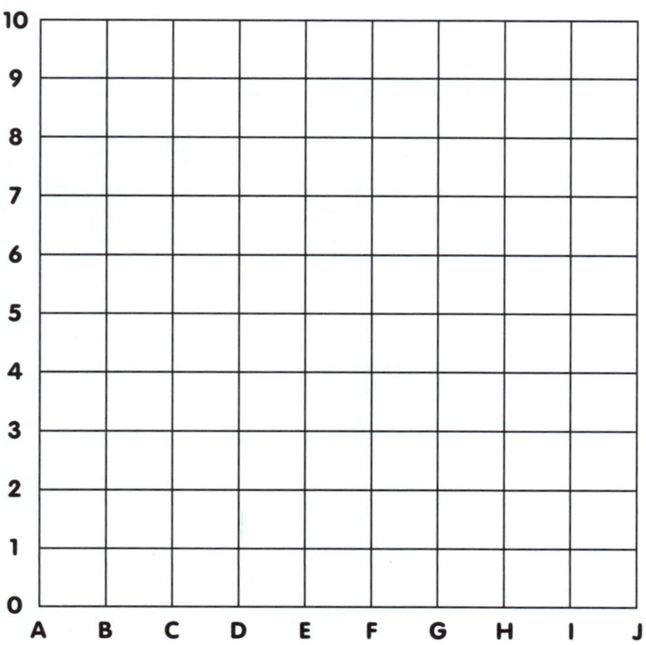

a	b	c	d	e	f
(A ; 8)	(H ; 7)	(B ; 4)	(J ; 8)	(C ; 3)	(G ; 10)

g	h	i	j	k	l
(J ; 9)	(F ; 1)	(D ; 6)	(I ; 0)	(I ; 10)	(A ; 4)

a. Quels points se trouvent sur la même ligne ?

→ ....

....

b. Quels points se trouvent sur la même colonne ?

→ ....

....

Les durées

JE RETIENS

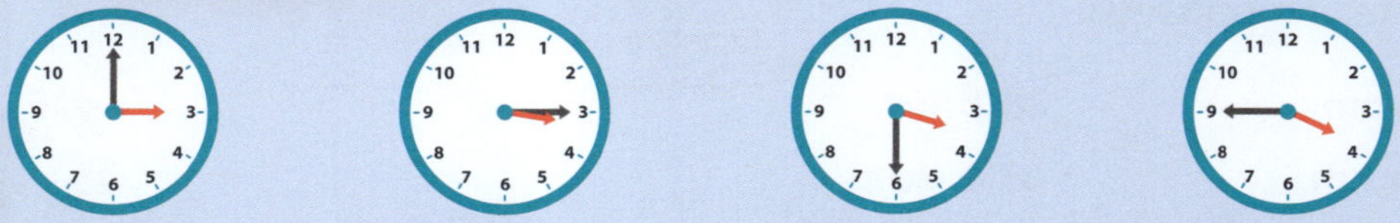

Matin : 3 h	**Matin :** 3 h 15	**Matin :** 3 h 30	**Matin :** 3 h 45
Après-midi : 15 h	**Après-midi :** 15 h 15	**Après-midi :** 15 h 30	**Après-midi :** 15 h 45

Souviens-toi :
1 heure = 60 min ;
1 min = 60 sec ;
1 jour = 24 heures.

Pour calculer des durées, j'avance comme une grenouille en faisant des petits sauts qui me permettent de faire des calculs facilement !

1 Indique les heures de chaque horloge.

Matin : 2 h 20	Matin : 8 h 15	Matin :	Matin : ....
Après-midi :	Après-midi :	Après-midi : 17 h 45	Après-midi : 15 h 10

2 Colorie de la même couleur les durées identiques.

2 heures	1 h 30	120 min	10 min
90 min	3 min et 10 s	600 s	190 s

3 Lucas part de chez lui en train à 13 h 45 pour se rendre chez sa mamie au bord de la mer. Il arrive chez elle à 21 h 37. Combien de temps a duré son trajet ?

→ ....

DÉFI

Calcule le plus vite possible.

J'ai acheté 36 cartes et j'en ai donné 12 à ma sœur. Combien m'en reste-il ?

→ ....

Évaluation

Maintenant, place à l'évaluation ! Si certains exercices te paraissent trop difficiles, n'hésite pas à retravailler la leçon correspondante.

1 Entoure la ou les bonne(s) réponse(s).

a. 28 dm = **280 cm** **280 mm**

b. 456 hm = **45,6 km** **45,6 dam**

c. 678 m = **67 800 dm** **67 800 cm**

d. 789 mm = **7,89 dm** **7,89 cm**

2 Marque les angles droits en rouge lorsque les droites sont perpendiculaires.

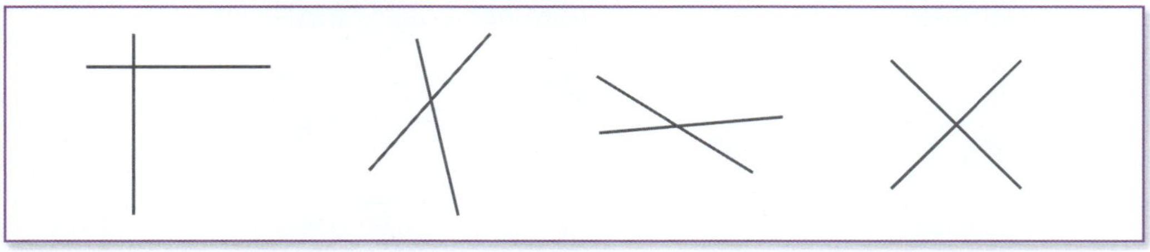

3 Repasse les droites en bleu si elles sont parallèles.

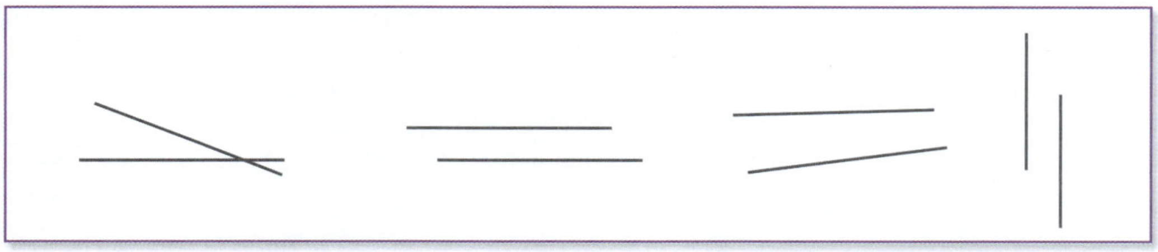

4 Colorie le nombre le plus proche du résultat.

a. 58 + 19 = (80) (60)

b. 890 + 100 = (900) (1 000)

c. 45 000 + 27 000 = (60 000) (70 000)

d. 750 + 759 = (1 400) (1 500)

5 Écris en lettres.

a. 45 876 804 : ....

b. 3 879 : ....

c. 56 000 400 : ....

d. 9 000 004 : ....

6 Colorie en **rouge** les cases dont le résultat s'approche de 100.

88 + 21	455 × 2	678 – 78	28 + 55	56 + 43
123 + 89	217 – 121	5 × 200	53 × 2	789 – 789
89 × 2	300 – 100	11 × 10	999 – 111	25 × 6

7 Écris en chiffres.

a. six cent treize millions deux cent trois mille cinq cent dix-sept : ....

b. trois millions six cent neuf : ....

c. trois millions six cent neuf mille : ....

d. dix mille quatre : ....

8 Entoure la bonne réponse.

a. Je pars à 4 h 56 et j'arrive à 8 h 07. Le trajet a duré : **3 h 11** **3 h 45**.

b. Je pars à 5 h 55 et le trajet dure 1 h 04. J'arrive à : **6 h 55** **6 h 59**.

c. 95 minutes = **1 h 05** **1 h 35**.

d. 3 h 12 = **192 minutes** **312 minutes**.

9 Code chaque point du quadrillage.

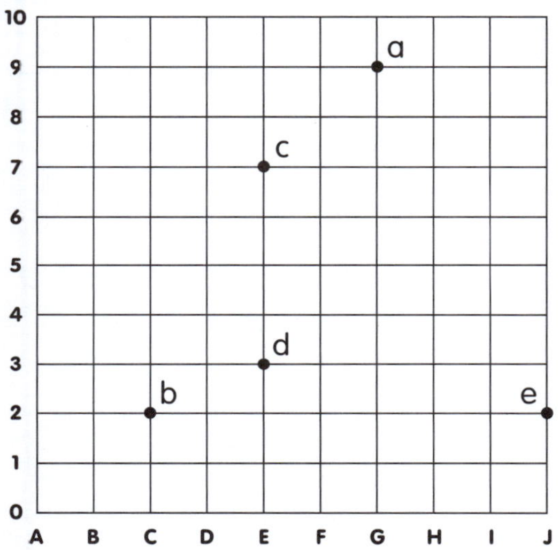

a	b	c	d	e
(...... ; ......)	(...... ; ......)	(...... ; ......)	(...... ; ......)	(...... ; ......)

a. Quels points se trouvent sur la même ligne ?

→ ....

b. Quels points se trouvent sur la même colonne ?

→ ....

Utilise un chronomètre et essaie de trouver les résultats en moins de 5 minutes. Prêt ? Partez !

TOP CHRONO !

Calcule le plus vite possible.

36 + 22 = ...

78 – 24 = ...

124 + 852 = ...

845 – 532 = ...

7 × 8 = ...

9 × 0 = ...

50 + 48 = ...

99 – 55 = ...

730 + 149 = ...

501 – 101 = ...

5 × 5 = ...

6 × 3 = ...

Opérations sur les nombres entiers - la multiplication

JE RETIENS

Lorsque le multiplicateur a plus d'un chiffre, il faut procéder par étapes. Exemple : 241 × 12 = ?

		2	4	1
×			1	2
		4	8	2
+	2	4	1	0
=	2	8	9	2

Comme il y a 2 chiffres au multiplicateur, il y aura 2 « étages » de résultats. Celui des unités du multiplicateur d'abord, puis celui des dizaines.

Première étape : multiplier par 2 (le chiffre des unités du multiplicateur).

Deuxième étape : écrire un 0 sous le chiffre des unités de la ligne précédente, parce que l'on va maintenant effectuer la multiplication par 1 (le chiffre des dizaines du multiplicateur).

Troisième étape : tirer un trait horizontal et additionner les deux lignes précédentes.

1 Effectue ces opérations.

a.

		6	4	3
×				4

b.

		4	2	1
×			2	1

c.

			1	5	1
×			1	2	5

Si le multiplicateur a trois chiffres, il y a donc 3 « étages ».

2 À ton tour de poser et calculer ces opérations.

a. 156 × 202

b. 560 × 124

Lorsque le multiplicateur comporte 1 ou plusieurs zéros en milieu de nombre, ajoute un zéro supplémentaire à ta ligne de calcul et passe directement au chiffre suivant du multiplicateur.

Lire, écrire et comparer les nombres décimaux

1 Relie chaque nombre à son écriture.

3,43 •	• 12 unités et 9 centièmes
34,3 •	• 12 unités et 9 millièmes
12,09 •	• 3 unités et 43 centièmes
12,009 •	• 34 unités et 3 dixièmes
3,043 •	• 3 unités et 43 millièmes

2 Place ces nombres sur la droite graduée.

5,2 – 4,3 – 6,8 – 5,7 – 4,6 – 6,5

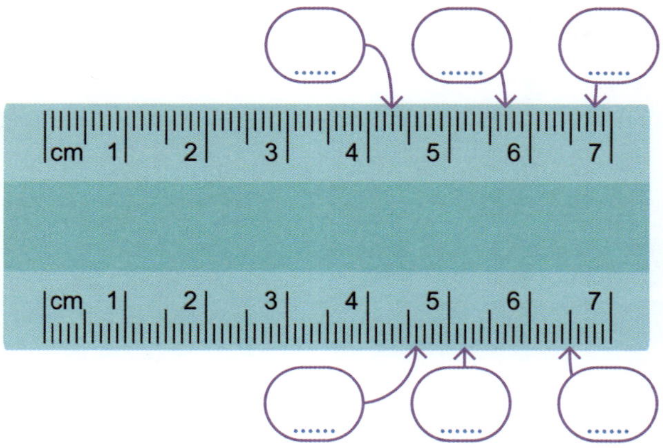

Les nombres décimaux permettent de représenter des quantités plus précises que les nombres entiers.

3 Compare ces nombres décimaux en utilisant les signes >, < ou =.

a. 3,5 .... 3,05 **b.** 17,34 .... 1,734 **c.** 12,2 9,99

d. 0,417 .... 1,120 **e.** 8,60 .... 8,6 **f.** 5,35 5,035

4 Colorie de la même couleur les cases de même valeur. Prévois 4 couleurs !

4 dixièmes	63 centièmes	0,40	630 centièmes
6,3	0,4	63 dixièmes	0,04
6300 millièmes	4 centièmes	0,63	40 millièmes
1 – 0,6	400 millièmes	6 unités et 3 dixièmes	0,2 + 0,2

DÉFI

Calcule le plus vite possible.

J'ai payé 81 euros les 9 places de cinéma.
Combien coûte une place ?

→ ....

La division

JE RETIENS

La division permet de répartir, de faire des partages égaux. Elle est l'opération contraire de la multiplication.

On trouve un reste lorsque le dividende n'est pas un multiple du diviseur.

7 9 (dividende)	5 (diviseur)
− 5	15 (quotient)
2 9	
− 2 5	
0 4 (reste)	

1 Le professeur de sport de l'école organise un tournoi multisport. Il y aura du rugby, du hockey et une course de relais. Le premier sport sera le rugby. Chaque équipe comporte 5 joueurs. La classe de Zora compte 25 élèves. Combien y aura-t-il d'équipes de rugby ?

Il y aura .... équipes de rugby.

2 Le deuxième sport est le hockey. Cette fois, le professeur décide de faire 3 équipes. Combien y aura-t-il de joueurs par équipe de hockey ?

Veille à ce qu'il reste le moins possible d'élèves sans équipe.

Il y aura .... joueurs par équipe de hockey.

Il reste .... élève(s) sans équipe.

3 Le troisième sport est le relais 4 × 100 mètres. Chaque équipe comporte 4 coureurs. Combien y aura-t-il d'équipes de relais ?

Tu peux retrouver le résultat en t'aidant des tables de multiplication de la page 51.

Il y aura .... équipes de relais.

Il reste .... élève(s) sans équipe.

4 Le tournoi s'est achevé. L'équipe de Zora a terminé en première position. Son équipe va ranger les 28 crosses de hockey. Il faut les ranger dans des cartons de 7 crosses. Combien de cartons de crosses vont être remplis ?

→ .... cartons de crosses vont être remplis.

Les masses et les contenances

1 Colorie les étiquettes représentant des contenances identiques.

100 cL | 1 hL | 1 L | 100 L | 100 dL | 1 daL | 10 mL | 1 cL

*Tu trouveras à la **page 50** un tableau de conversion. Tu peux l'utiliser pour résoudre les exercices de cette page !*

2 Range ces récipients dans l'ordre croissant en fonction de leur contenance (que tu convertiras d'abord en mL).

20 cL

3 dL

5 dL

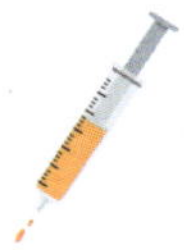

6 mL

a. Le verre = ... mL.

b. La cruche = ... mL.

c. La bouteille = ... mL.

d. La seringue = ... mL.

.... < .... < .... < ....

3 Complète les plateaux pour mettre les balances en équilibre en utilisant le moins de poids possible.

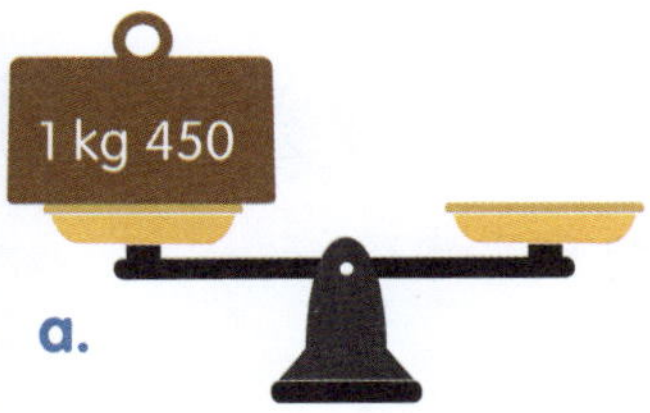

a.

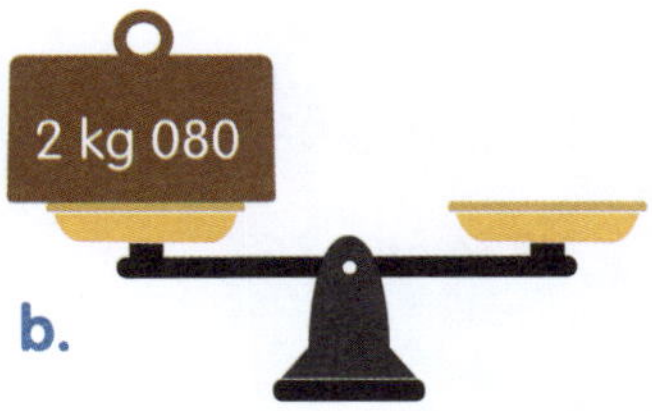

b.

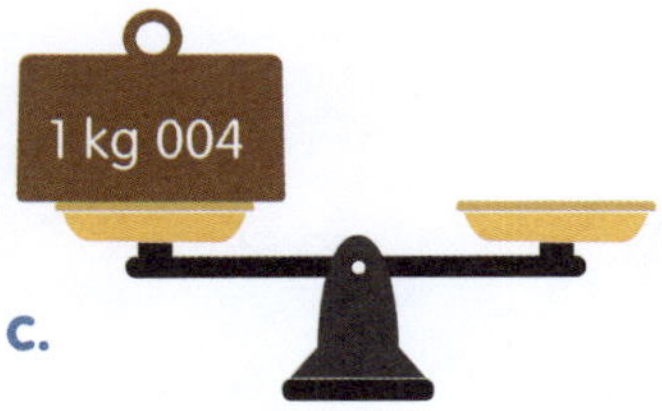

c.

Plusieurs poids de la même couleur peuvent être utilisés si besoin.

DÉFI

Calcule le plus vite possible.

L'ascenseur accepte 80 kg au maximum. Pierre pèse 20 kg, Lucie, 340 hg et Jeanne 28 000 g. Peuvent-ils monter tous les trois dans l'ascenseur ?

→ ....

Comparer et ranger les grands nombres

JE RETIENS

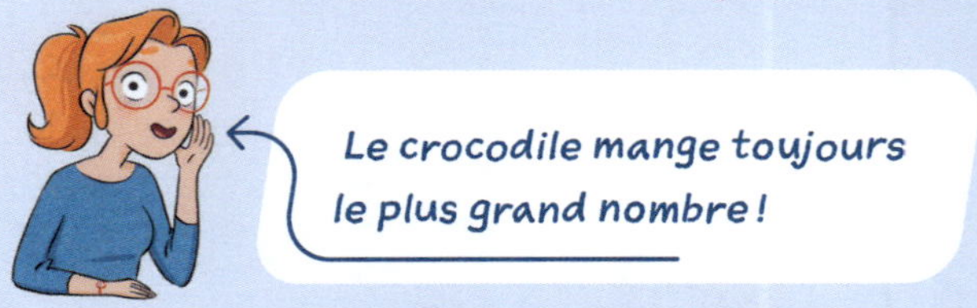

Je regarde quel est le nombre qui contient le plus de chiffres. **2 < 456**

S'ils ont le même nombre de chiffres, je compare les premiers chiffres. **14 < 71**

Si les premiers chiffres sont identiques, je compare les chiffres suivants : **317 < 318**

1 Compte le nombre de chiffres dans chaque nombre et souligne ensuite le plus long nombre de chaque série.

a. 123 546 – 35 908 – 4 654

b. 45 760 – 333 879 – 8 980

c. 9 808 – 78 909 – 278 908

d. 4 562 – 452 478 – 62 589

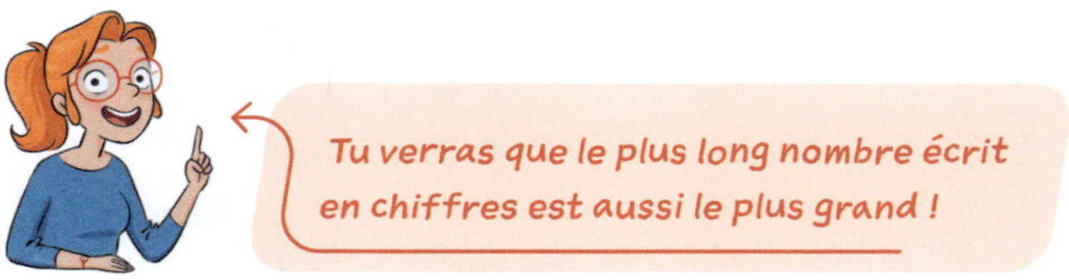

2 Entoure dans chaque duo le chiffre qui te permet de comparer les deux nombres.

345 et 867	346 et 349	56 891 et 99 000
651 et 635	4 567 et 3 989	45 122 et 45 121
912 et 910	6 874 et 6 851	78 894 et 78 864

3 Compare avec le bon signe < ou >.

a. 234 678 .... 78 987

b. 99 999 .... 101 000

c. 68 909 .... 69 876

d. 899 348 .... 899 384

e. 345 009 .... 349 000

f. 2 000 .... 20 999

4 Range la capacité d'accueil de ces stades dans l'ordre croissant.

Les 3 plus grands stades d'Europe	
Wembley (Londres)	90 000 personnes
Camp Nou (Barcelone)	99 354 personnes
Stade de France (Paris)	81 338 personnes

a. Nombre de personnes dans l'ordre croissant : .... < .... < ....

b. Nom des stades dans l'ordre croissant : .... < .... < ....

Multiplier et diviser par 10, critères de divisibilité

1 Colorie les cases en respectant le code.

● 200 ● 300 ● 400 ● 1000

20 × 10	30 × 10	2 000 : 10	4 000 : 10
10 000 : 10	3 000 : 10	100 × 10	40 × 10

2 Relie chaque calcul au bon résultat.

2,8 × 10 •			• 0,056 × 10
280 : 10 •	• 28	56 •	• 560 : 10
28 : 10 •			• 0,56 × 10
28 × 10 •	• 280	0,56 •	• 5,6 : 10
2800 : 10 •	• 2,8	5,6 •	• 5,6 × 10
0,28 × 10 •			• 56 : 10

Pour multiplier un nombre décimal par 10, il suffit de déplacer la virgule d'un rang vers la droite.

3 Entoure les nombres que l'on peut diviser par le nombre indiqué en début de ligne.

a. **2** | 10 – 9 – 12 – 25 – 36 – 48 – 53 – 64 – 546 – 9 002 – 234 987 – 675 678 – 67 567 765

Je peux diviser un nombre par 2 s'il se termine par ....

b. **5** | 37 – 15 – 55 – 23 – 40 – 38 – 10 – 35 – 678 – 455 – 89 060 – 765 657 – 12 343 455

Je peux diviser un nombre par 5 s'il se termine par ....

c. **10** | 12 – 20 – 300 – 45 – 37 – 900 – 43 – 24 – 45 780 – 67 891 – 878 990 – 67 871 232

Je peux diviser un nombre par 10 s'il se termine par ....

4 Barre les résultats qui ne sont pas des multiples du nombre indiqué en début de ligne.

a. **2** | 24 – 35 – 103 – 224 – 1 207 – 3 088 – 456 – 700 – 67 889 – 980 124

b. **5** | 20 – 43 – 64 – 100 – 75 – 145 – 3 040 – 731 – 67 980 – 123 451 – 341 885

c. **10** | 50 – 37 – 1 000 – 290 – 548 – 783 – 5 410 – 56 761 – 678 340 – 65 564 880

DÉFI

Calcule le plus vite possible.

Chaque sucette coûte 95 cts, j'en achète 10 pour mes amis et moi.
Combien vais-je payer en tout ?

→ ....

Les triangles et les angles

1 Colorie les angles selon le code, puis range-les du plus petit au plus grand.

● aigu ● droit ● obtus

A B C D

○ < ○ < ○ < ○

Aide-toi de ton équerre ! L'angle aigu est plus petit que l'angle droit, tandis que l'angle obtus est plus grand que l'angle droit.

2 Relie chaque description au triangle qui lui correspond.

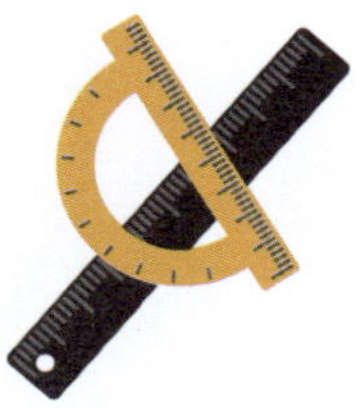

J'ai 2 côtés égaux. •	• le triangle rectangle
J'ai 1 angle droit. •	• le triangle équilatéral
J'ai 3 côtés égaux. •	• le triangle isocèle

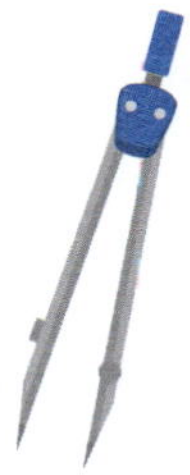

3 Colorie les triangles selon le code.

● isocèle ● rectangle ● équilatéral

A B C D

4 Réponds par vrai ou faux.

a. Un triangle isocèle peut avoir un angle droit. → ....

b. Un triangle peut avoir 2 angles droits. → ....

c. Un triangle équilatéral peut avoir 1 angle droit. → ....

d. Un triangle rectangle n'a pas d'angle droit. → ....

Comprendre l'énoncé d'un problème (2)

1 Colorie la bonne case, selon que l'on parle d'une partie d'une quantité ou d'un tout.

a. J'ai acheté 2 pommes et 3 poires.
Combien ai-je de fruits dans mon panier ? (un tout) (une partie)

b. J'ai acheté 10 croissants et Paul en a mangé 5.
Combien m'en reste-t-il ? (un tout) (une partie)

c. Il y a 24 enfants dans la classe. Il nous faut 3 équipes.
Combien y a-t-il d'enfants dans chaque équipe ? (un tout) (une partie)

d. La maîtresse a distribué 1 stylo bleu et 1 stylo vert à chacun des 24 élèves de la classe. Combien a-t-elle dû acheter de stylos pour la classe ? (un tout) (une partie)

Si l'on parle d'un tout, tu peux résoudre le problème à l'aide de l'addition ou de la multiplication.
Et si l'on parle d'une partie, tu peux le résoudre à l'aide de la soustraction ou de la division.

2 Colorie la bonne case, selon que les parts sont égales ou inégales.

a. J'ai 80 stylos et 20 élèves. Combien de stylos aura chaque élève ? (parts égales) (parts inégales)

b. Maman a 30 couverts. Elle compte 20 fourchettes et aucune cuillère.
Combien a-t-elle de couteaux ? (parts égales) (parts inégales)

c. Il y a 15 gâteaux dans le paquet. J'ai 5 enfants.
Combien de gâteaux auront-ils chacun ? (parts égales) (parts inégales)

d. Lucie a 30 biscuits. Son chien en mange 20.
Combien reste-t-il de biscuits ? (parts égales) (parts inégales)

3 Résous les problèmes suivants.

a. Paul a 15 billes et Lucie en a 5 de plus. Combien de billes Lucie a-t-elle ?

→ ....

....

b. Pour ranger ses photos, Maman achète un album de 200 photos. Une fois les photos rangées, il reste 43 places vides. Combien avait-elle de photos à ranger ?

→ ....

....

DÉFI

Compte le plus vite possible

20 passagers sont à bords d'un bateau. Il y a 10 adultes de plus que d'enfants.
Combien y a-t-il d'adultes à bord ?

→ ....

Les fractions (1)

JE RETIENS

Une fraction est une façon de représenter le partage d'une unité en parts égales.

Le **dénominateur** indique en combien de parts égales l'unité a été divisée, et le **numérateur** représente le nombre de parts l'on prend (qui sont coloriées).

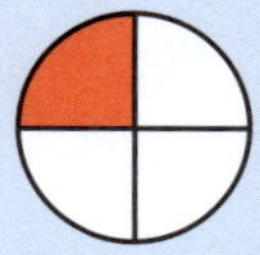

$\frac{1}{4}$ ← numérateur ← dénominateur

Si tu manges 1 part d'une pizza coupée en 6 parts, tu auras mangé 1/6 (un sixième) de cette pizza.

1 Entoure la fraction qui correspond au dessin.

a. 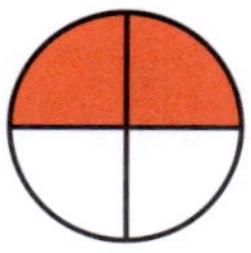 $\frac{4}{5}$ $\frac{2}{4}$ $\frac{3}{4}$ $\frac{2}{5}$ $\frac{4}{2}$

b. 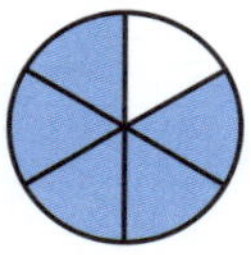 $\frac{6}{5}$ $\frac{4}{6}$ $\frac{1}{5}$ $\frac{5}{6}$ $\frac{1}{6}$

c. 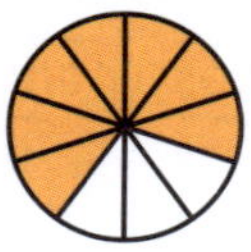 $\frac{3}{10}$ $\frac{7}{3}$ $\frac{10}{3}$ $\frac{10}{7}$ $\frac{7}{10}$

2 Colorie les parts représentées par les fractions.

a. $\frac{1}{5}$ 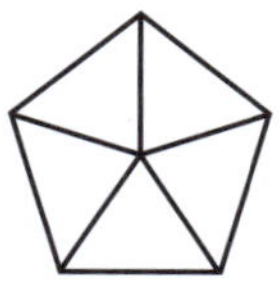 **b.** $\frac{2}{3}$ 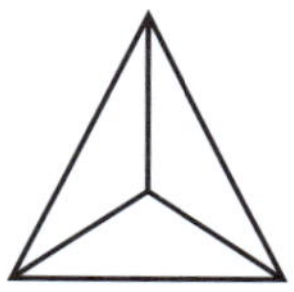 **c.** $\frac{5}{7}$ 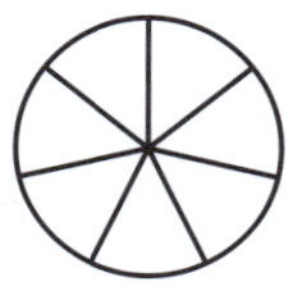 **d.** $\frac{4}{4}$ 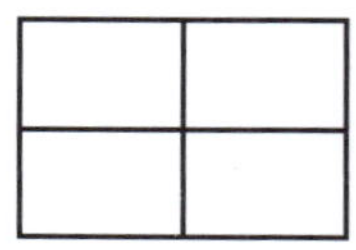

3 Écris en lettres.

a. $\frac{5}{10}$ → ....

b. $\frac{1}{3}$ → ....

c. $\frac{5}{2}$ → ....

d. $\frac{3}{8}$ → ....

N'oublie pas d'ajouter un « s » lorsque cela est nécessaire.

4 Réponds aux questions.

a. Combien de dixièmes y a-t-il dans une unité ? → ....

b. Combien de tiers y a-t-il dans deux unités ? → ....

c. Combien de demis y a-t-il dans une unité ? → ....

d. Combien de quarts y a-t-il dans un demi ? → ....

*Tu peux t'aider des bandes et des cercles de **page 55** pour répondre aux questions ! Deux fractions sont équivalentes si elles représentent la même quantité, même si elles sont écrites de manière différente.*

Problèmes de mesure

1 Coche la bonne réponse.

a. Richard pèse 80 kg, son frère Jean 95 kg et leur oncle Gustave 103 kg. Ils veulent prendre l'ascenseur de l'immeuble, mais ce dernier accepte une charge maximale de 280 000 g.

Peuvent-ils emprunter l'ascenseur tous les trois ensemble ?

☐ Oui, ils peuvent prendre l'ascenseur ensemble.
☐ Non, ils ne peuvent pas prendre l'ascenseur ensemble.

b. Pierre est parti en voyage. À l'aller, sa valise pesait 67 kg. Il a acheté des souvenirs et au retour, elle pèse 72 kg.

Quelle masse, en hg, y a-t-il en plus dans sa valise au retour ?

☐ Pierre a 5 hg en plus dans sa valise au retour.
☐ Pierre a 50 hg en plus dans sa valise au retour.

2 Lis l'énoncé, résous le problème et coche la bonne réponse.

Pour son anniversaire, Justine veut préparer un cocktail géant dans un récipient d'une capacité de 980 mL. Voici la liste des ingrédients :

Jus de fruit de la passion	Jus de citron	Sirop de grenadine	Jus d'ananas
35,2 cL	39 mL	0,48 dL	0,575 L

Quel volume manque-t-il pour pouvoir tout mettre ? Quel est l'ingrédient le moins volumineux, qu'elle peut éventuellement enlever pour éviter que cela déborde ?

*Aide-toi du tableau de conversion de la **page 50**. Lorsque que tu as un nombre décimal, place la partie entière dans la colonne de l'unité de mesure, puis déplace la virgule vers la droite jusqu'à atteindre l'unité dans laquelle tu souhaites effectuer la conversion.*

Il lui manque .... mL.

Elle pourrait enlever :

☐ le jus de fruit de la passion.
☐ le sirop de grenadine.
☐ le jus de citron.
☐ le jus d'ananas.

DÉFI

Calcule le plus vite possible.

Je dois acheter du grillage pour clôturer mon jardin qui mesure 10 m sur 35 dm. Quelle longueur de grillage dois-je acheter ?

→ ....

Évaluation

1 Complète avec l'unité ou le nombre qui convient.

a. 2 kg = 2 000 ....
b. 67 g = 670 ....
c. 800 mg = 8 ....
d. 60 000 mg = 60 ....
e. 29 dL = ... cL
f. 3 daL = ... L
g. 34 cL = ... mL
h. 89 L = ... cL

2 Choisis dans la liste la bonne réponse pour compléter les phrases.

isocèle – rectangle – plus grand – équilatéral

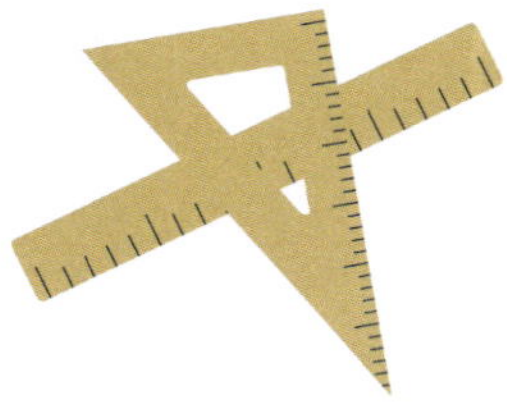

a. Un triangle .... comporte 1 angle droit.
b. Un triangle .... a 2 côtés égaux.
c. Un triangle .... a 3 côtés égaux.
d. Un angle obtus est .... que l'angle droit.

Commence par écrire les réponses dont tu es sûr(e).

3 Complète les phrases en coloriant la bonne réponse.

a. 2,89 se dit 2 unités et 89 [dixièmes] [centièmes] .
b. 56,075 se dit 56 unités et 75 [millièmes] [centièmes] .
c. 0,6 se dit 6 [dixièmes] [centièmes] .
d. 0,006 se dit 6 [millièmes] [centièmes] .

4 Colorie la bonne réponse.

a. 490 × 10 [4,9] [490] [49] [4 900]
b. 890 : 10 [89] [8 900] [8,9] [0,89]
c. 5,83 × 10 [583] [5,83] [58,3] [5 830]
d. 23,67 : 10 [236,7] [2367] [23,67] [2,367]

5 Compare ces grands nombres avec les signes < ou >.

a. 4 789 982
b. 67 871 .... 68 000
c. 34 567 .... 34 580
d. 451 868 .... 451 861

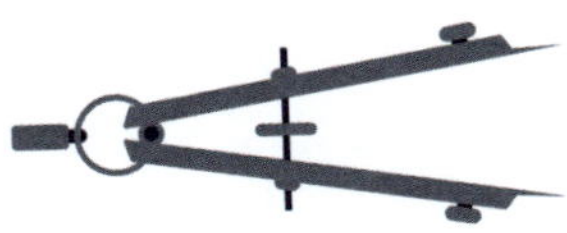

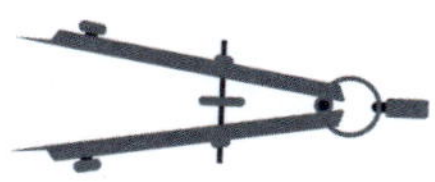

6 Relie chaque fraction à la partie coloriée qui lui correspond.

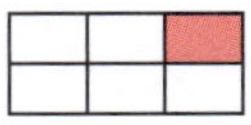 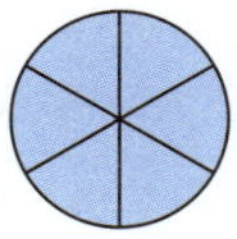  

$\frac{6}{6}$ $\frac{3}{6}$ $\frac{1}{6}$ $\frac{4}{6}$

7 Pose ces opérations en colonne.

a. 349 × 25

b. 450 × 124

8 Résous ce problème.

Paul peut encore parcourir 430 km avec l'essence qu'il lui reste dans le réservoir de sa voiture.

Mercredi, il emmène son fils au judo à 4 286 dam, mais ce n'est pas lui qui va le rechercher. Samedi, il part camper pour le week-end à 147 300 m de chez lui.

A-t-il assez d'essence pour rentrer à la maison dimanche ?

→ ....

TOP CHRONO !

Calcule le plus vite possible.

52 + 23 + 21 = ...

77 – 14 – 23 = ...

8 × 8 = ...

0 × 7 = ...

74 × 10 = ...

0,9 × 10 = ...

34 + 41 + 15 = ...

99 – 23 – 54 = ...

4 × 6 = ...

9 × 5 = ...

584 × 10 = ...

5,36 × 10 = ...

Les quadrilatères

1 Observe les deux figures, puis complète le texte avec les mots suivants :
opposés – quatre – angles – rectangle – carré – sommets – longueur – droits.

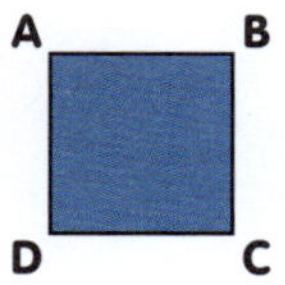

ABDC est un .... Ses quatre côtés sont de même ....
Il a .... sommets et ses quatre angles sont des angles ....
EFGH est un .... Ses côtés .... sont égaux deux à deux.
Il a quatre .... droits et quatre ....

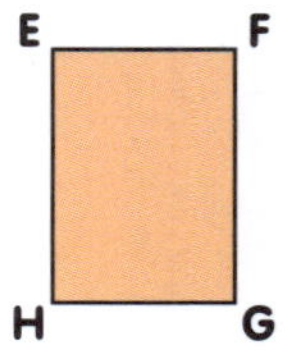

2 Vrai ou faux ? Coche la bonne réponse.

a. Un quadrilatère a toujours quatre côtés. ☐ VRAI ☐ FAUX
b. Un trapèze est un quadrilatère. ☐ VRAI ☐ FAUX
c. Un quadrilatère a plus de côtés que de sommets. ☐ VRAI ☐ FAUX
d. Tous les quadrilatères ont quatre angles droits. ☐ VRAI ☐ FAUX
e. Un losange a tous ses côtés de longueurs différentes. ☐ VRAI ☐ FAUX
f. Un parallélogramme a ses côtés opposés égaux et parallèles. ☐ VRAI ☐ FAUX

*Tu trouveras à la **page 52** un mémo des formes géométrique les plus courantes.*

3 Entoure les parallélogrammes et barre le trapèze.

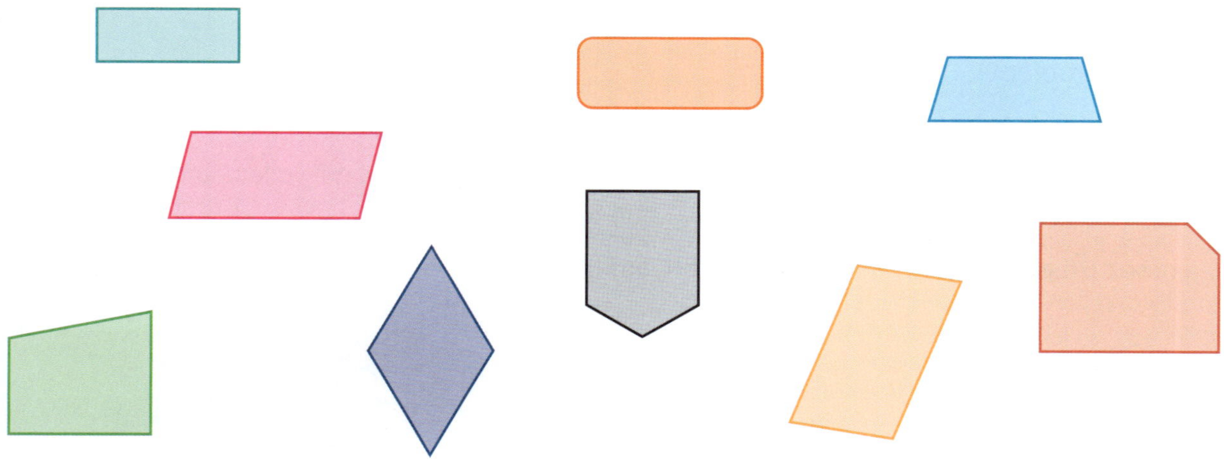

4 Voici un losange IJKL tracé sur un quadrillage. Souligne les propositions qui sont justes.

a. Les diagonales [IK] et [JL] sont parallèles.
b. Les diagonales [IK] et [JL] sont perpendiculaires.
c. Les diagonales [IK] et [JL] ont la même longueur.
d. Les diagonales [IK] et [JL] se coupent en leur milieu.

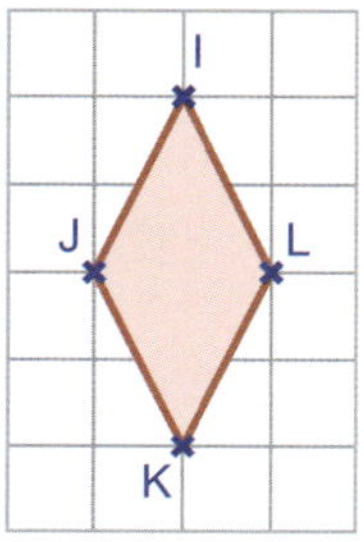

Tu peux effectuer des tracés sur la figure.

Les fractions (2)

1 Colorie les partages indiqués par les fractions, lorsque c'est possible.

a. $\frac{4}{6}$ 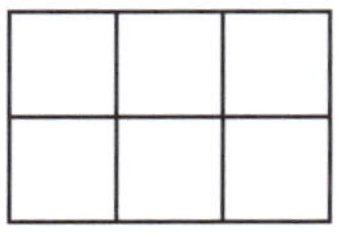

b. $\frac{5}{12}$ 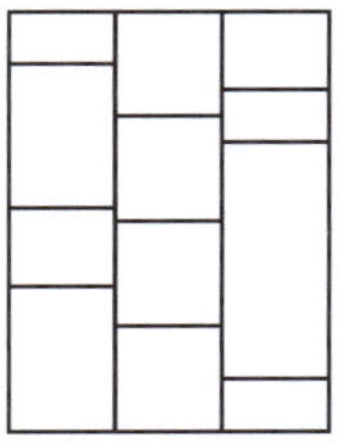

c. $\frac{5}{12}$ 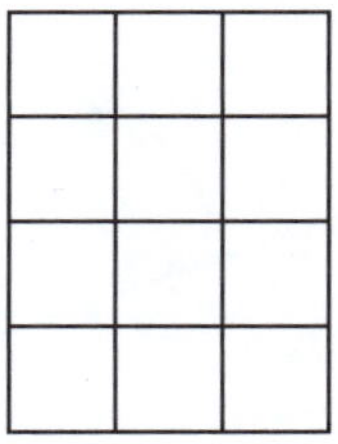

d. $\frac{8}{15}$ 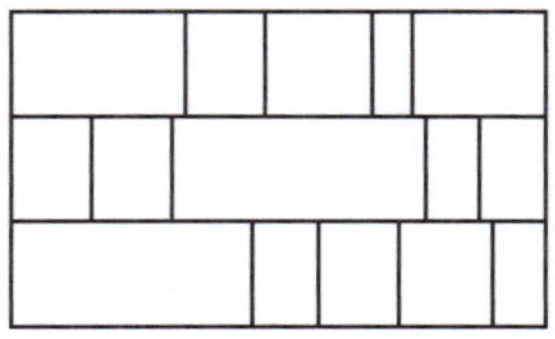

2 Range ces fractions.

a. par ordre croissant : $\frac{9}{6}$; $\frac{5}{6}$; $\frac{1}{6}$; $\frac{3}{6}$; $\frac{7}{6}$; $\frac{12}{6}$; $\frac{6}{6}$

.... < .... < .... < .... < .... < .... < ....

b. par ordre décroissant : $\frac{5}{5}$; $\frac{9}{5}$; $\frac{1}{5}$; $\frac{8}{5}$; $\frac{4}{5}$; $\frac{11}{5}$; $\frac{15}{5}$

.... > .... > .... > .... > .... > .... > ....

Lorsque le numérateur est supérieur au dénominateur, cela signifie que la fraction représente un ou plusieurs objets complets, plus une portion d'objet supplémentaire.

3 Relie chaque fraction à la graduation correspondante.

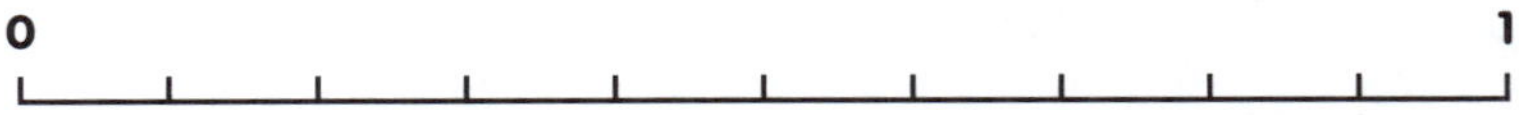

$\frac{2}{10}$ $\frac{4}{5}$ $\frac{1}{1}$ $\frac{5}{10}$ $\frac{5}{5}$

Plusieurs fractions peuvent être reliées à la même graduation.

DÉFI

Calcule le plus vite possible.

J'ai lu $\frac{2}{9}$ de mon livre.

Il me reste .... du livre à terminer.

Le cercle

1 Complète la légende avec les mots suivants : **arc de cercle** – **centre** – **rayon** – **diamètre**

....

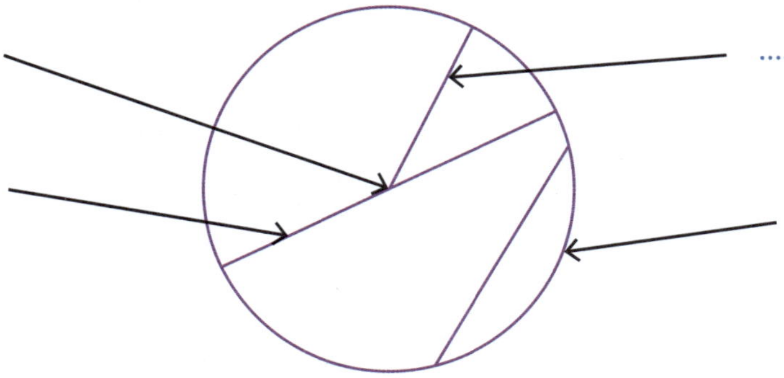

....

2 Barre la ou les proposition(s) fausse(s).

Le rayon est la moitié du diamètre du cercle.

Un cercle a plusieurs rayons.

Tous les points d'un cercle sont à une distance différente du centre.

3 Réalise un bonhomme de neige grâce à ton compas.
Suis bien les instructions pour compléter la figure ci-dessous !

- Trace un cercle de centre V qui passe par le point D pour faire le ventre.
- Trace un cercle de centre T qui passe par le point D pour faire la tête.
- Trace deux cercles, de centres P1 puis P2, en écartant ton compas jusqu'au ventre, pour faire les pieds.

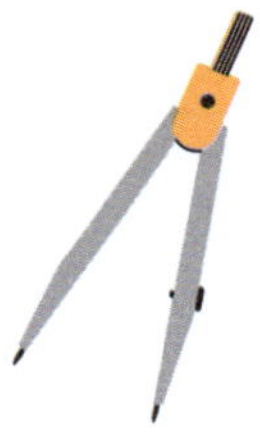

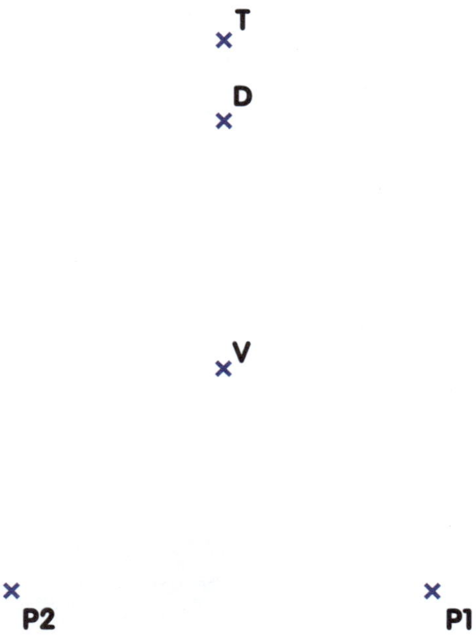

Comparer des fractions et les additionner

1 Colorie en respectant le code couleur.

- rouge : fraction < 1
- jaune : fraction = 1
- bleu : fraction > 1

$\frac{15}{10}$	$\frac{5}{6}$	$\frac{1}{2}$		$\frac{15}{15}$		$\frac{9}{25}$	$\frac{14}{15}$	$\frac{23}{21}$
$\frac{26}{45}$	$\frac{7}{9}$	$\frac{2}{3}$	$\frac{6}{4}$	$\frac{20}{20}$	$\frac{8}{2}$	$\frac{5}{9}$	$\frac{14}{20}$	$\frac{1}{8}$
	$\frac{6}{1}$	$\frac{5}{4}$	$\frac{26}{16}$	$\frac{1}{1}$	$\frac{10}{9}$	$\frac{30}{20}$	$\frac{15}{12}$	
			$\frac{4}{10}$	$\frac{12}{12}$	$\frac{11}{12}$			
	$\frac{23}{17}$	$\frac{15}{17}$	$\frac{30}{31}$		$\frac{15}{17}$	$\frac{8}{18}$	$\frac{9}{5}$	

2 Compare avec les signes <, > ou =.

a. $\frac{5}{3}$ ...... 1 **b.** $\frac{8}{9}$ ...... 1 **c.** $\frac{4}{4}$ ...... 1 **d.** $\frac{6}{2}$ ...... 1 **e.** $\frac{5}{2}$ 1

f. $\frac{7}{2}$ ...... 1 **g.** $\frac{7}{7}$ ...... 1 **h.** $\frac{3}{4}$ ...... 1 **i.** $\frac{1}{2}$ 1

3 Entoure la fraction la plus grande en comparant les numérateurs.

a. $\frac{4}{4}$ et $\frac{3}{4}$ **b.** $\frac{3}{2}$ et $\frac{6}{2}$ **c.** $\frac{2}{5}$ et $\frac{3}{5}$ **d.** $\frac{5}{3}$ et $\frac{9}{3}$ **e.** $\frac{2}{2}$ et $\frac{9}{2}$

4 Additionne ces fractions.

a. $\frac{2}{3} + \frac{4}{3} =$ .... **b.** $\frac{9}{5} + \frac{2}{5} =$ .... **c.** $\frac{4}{4} + \frac{2}{4} =$ ....

d. $\frac{10}{2} + \frac{2}{2} =$ .... **e.** $\frac{6}{2} + \frac{2}{2} =$ .... **f.** $\frac{3}{6} + \frac{2}{6} =$ ....

Lorsque tu additionnes des fractions, assure-toi que les dénominateurs sont les mêmes. Si c'est le cas, tu peux simplement additionner les numérateurs en conservant le même dénominateur.

DÉFI

Calcule le plus vite possible.

J'ai acheté 32 paquets de 4 cartes chacun.
Combien ai-je de cartes en tout ?

→ ....

La monnaie

JE RETIENS

Pour acheter quelque chose en France et en Europe, on utilise l'**euro**. L'euro se présente sous forme de billets ou de pièces. **Observe :**

les pièces :  les billets : 

Souviens-toi :
1 euro = 100 centimes 10 euros = 10 × 1 euro 100 euros = 10 × 10 euros ou 100 × 1 euro

1 Coche les cases de manière à payer le montant indiqué avec le moins de billets et de pièces possible.

Tu peux découper les billets et les pièces de monnaie de la ***page 53*** *pour tester les possibilités !*

Euros						Centimes						Somme totale en € et en cts
50 €	20 €	10 €	5 €	2 €	1 €	50 cts	20 cts	10 cts	5 cts	2 cts	1 cts	
												161 € 42 cts
												30 € 59 cts
												64 € 11 cts
												146 € 66 cts

2 Alexandra a vu dans une grande surface une télévision coûtant 550 €. Elle veut comparer les prix et se rend dans un magasin d'électroménager où elle trouve la même à 525 €.

a. Où Alexandra va-t-elle acheter la télévision ? Pourquoi ?

→ ....

b. Quelle est la différence de prix entre les deux télévisions ?

→ ....

3 Léo veut acheter un skate à 79,80 €. Il dispose de 3 billets de 20 €, de 1 billet de 10 €, de 3 billets de 5 €.

a. De quelle somme d'argent dispose-t-il ? ....

b. Est-ce suffisant ? ....

c. Si oui, combien lui resterait-il après son achat ? ....

d. Combien doit-il donner pour régler son achat avec le moins de billets possible ? ....

e. Combien lui rendra-t-on ? ....

La symétrie

1 Trace en **rouge** les axes de symétrie de chaque figure.
Attention, certaines figures n'en ont pas.

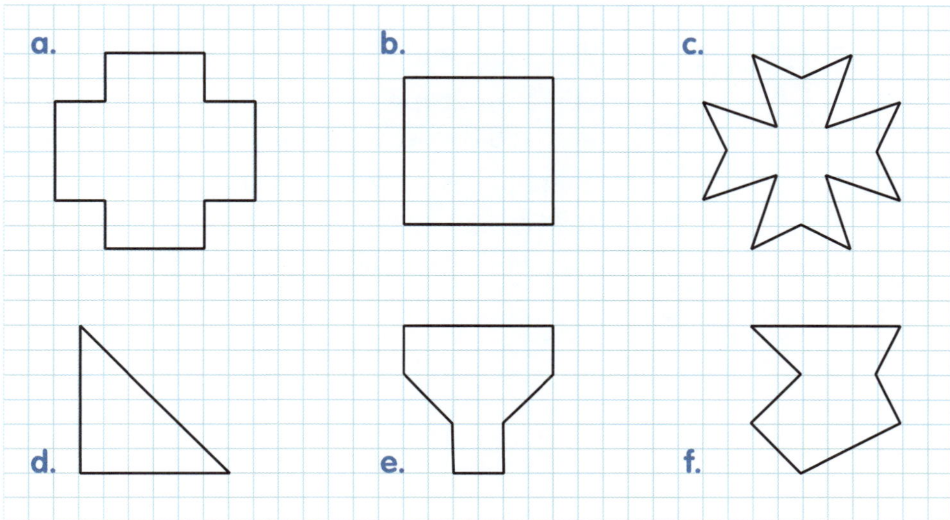

2 Colorie les figures qui sont symétriques par rapport à l'axe.

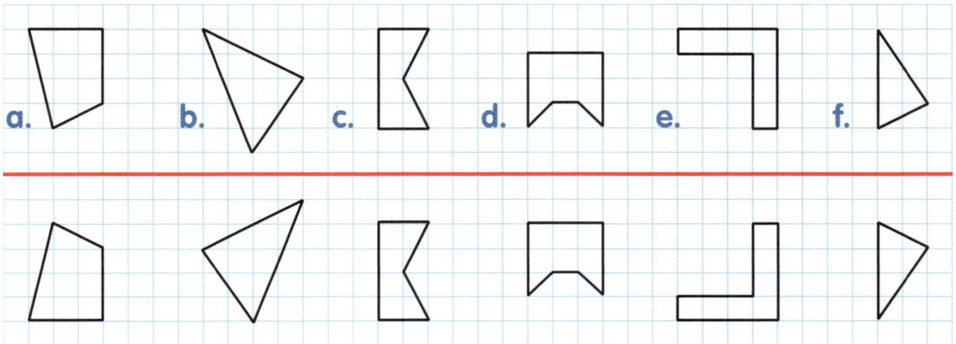

Deux figures sont symétriques lorsqu'elles se superposent par pliage le long d'un axe (l'axe de symétrie).

3 Complète ces figures par symétrie.

a. 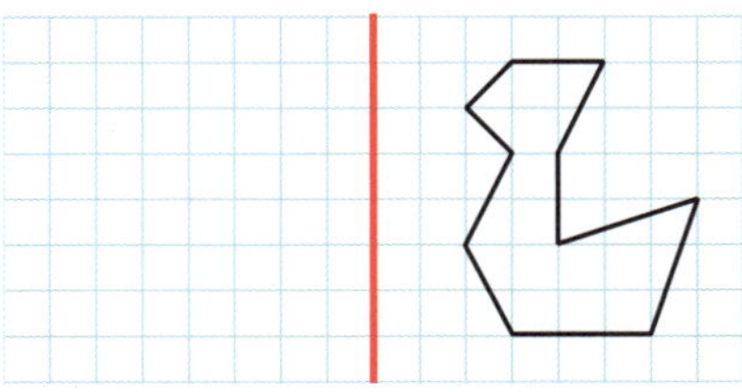

b. 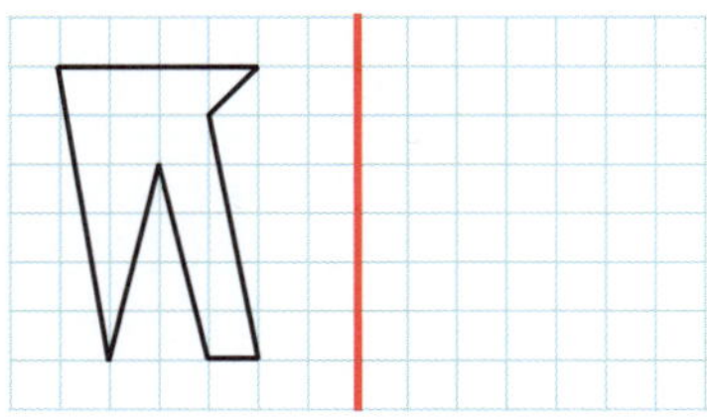

Parmi ces figures, entoure celle qui n'a pas d'axe de symétrie.

La division avec un seul chiffre au diviseur

JE RETIENS

dividende ↘		diviseur ↙
	6 5 3	8
	− 6 4	8 1
	1 3	↖ quotient
	− 8	
reste →	5	

Première étape : le premier chiffre (6) ne peut pas être divisé par 8. Il faut donc deux chiffres au dividende (65). En 65, combien de fois 8 ? Il y va 8 fois (8 × 8 = 64).

Deuxième étape : 65 – 64 = 1. On « abaisse » ensuite le chiffre suivant du dividende (3) et on obtient le nombre 13.

On répète ces deux étapes jusqu'à ce qu'il n'y ait plus de chiffres à abaisser. En 13, combien de fois 8 ? Il y va 1 fois (8 × 1 = 8). 13 – 8 = 5.

Le résultat de la division de 653 par 8 est donc 81, et il reste 5.

Le reste doit toujours être inférieur au diviseur.

1 Résous ces opérations.

a.

	1	3	6	6	
−					
−					

b.

	1	8	9	7	
−					
−					

2 Pose les opérations suivantes.

a. 98 : 4

b. 79 : 6

c. 94 : 5

3 L'une de ces divisions est fausse ! Entoure-la.

a.

	3	1	4	7	
−	2	8		4	4
	0	3	4		
−		2	8		
		0	6		

b.

	2	4	8	4	
−	2	4		6	1
	0	0	8		
−			8		
			0		

Aire et périmètre

JE RETIENS

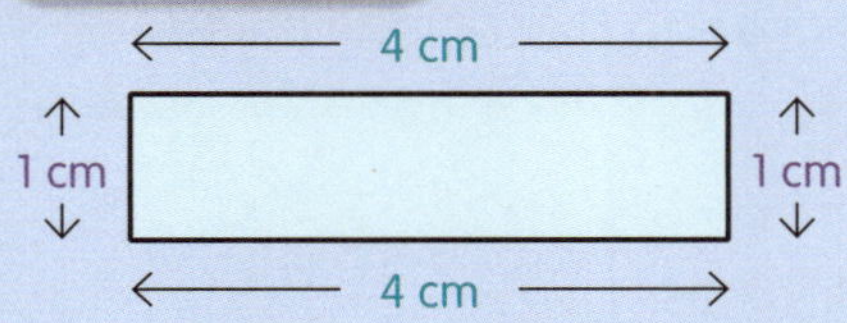

4 + 4 + 1 + 1 = 10

Ce rectangle a un **périmètre** de 10 cm.

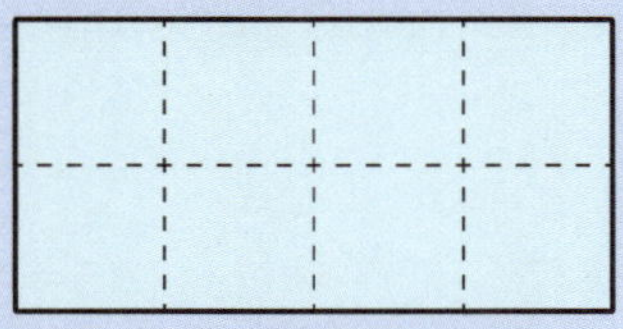

4 × 2 = 8

Ce rectangle a une **aire** de 8 unités.

1 Colorie en **rouge** l'aire de chaque figure et repasse en **bleu** le périmètre de chaque figure.

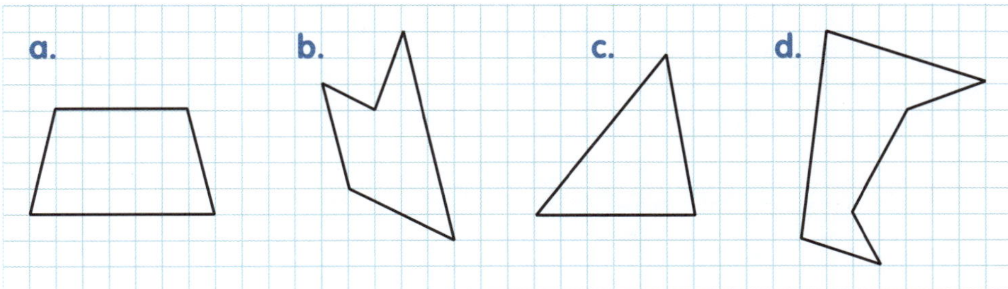

2 Calcule l'aire en unités et le périmètre en cm de chaque figure (les figures ne sont pas en grandeur réelle).

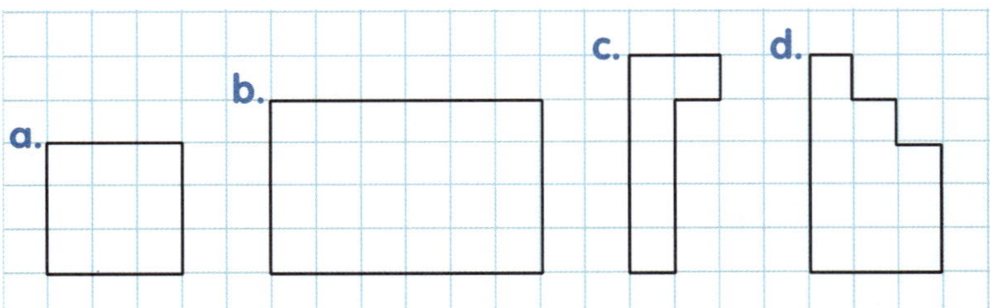

↔ = 1 cm ■ = 1 unité

	a.	b.	c.	d.
Aire (en unités)	....	....	....	....
Périmètre (en cm)	....	....	....	....

3 Trace 1 figure ayant une aire de 12 unités.

Il y a plusieurs réponses possibles !

DÉFI

Calcule le plus vite possible.

Ce rectangle fait 5 carreaux de longueur et 3 carreaux de largeur. Quelle est son aire ?

→ ....

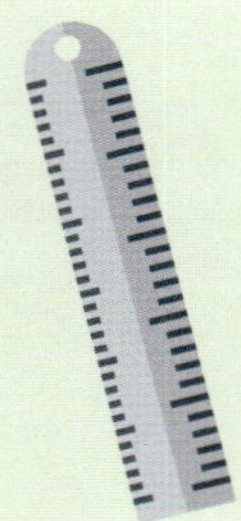

Évaluation

1. Dessine les sommes demandées avec le moins de billets et de pièces possibles.

a. 56 € 50 cts

b. 79 € 70 cts

c. 30 € 75 cts

d. 44 € 31 cts

2. Trace en **rouge** les axes de symétrie quand c'est possible.

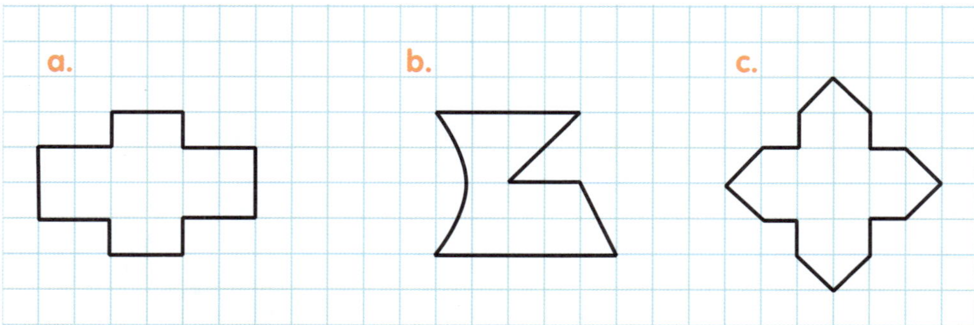

3. Complète ces figures par symétrie.

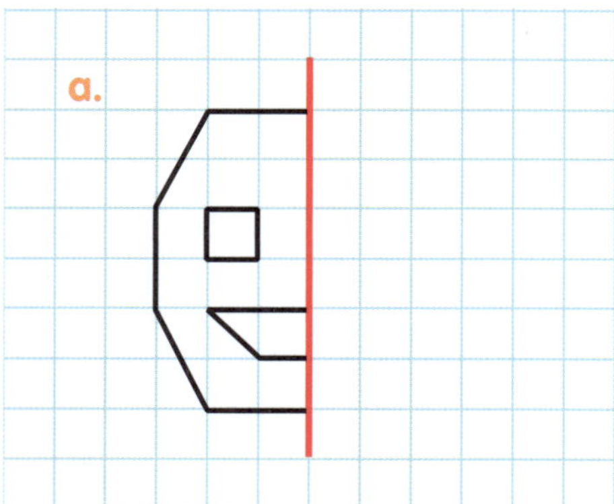

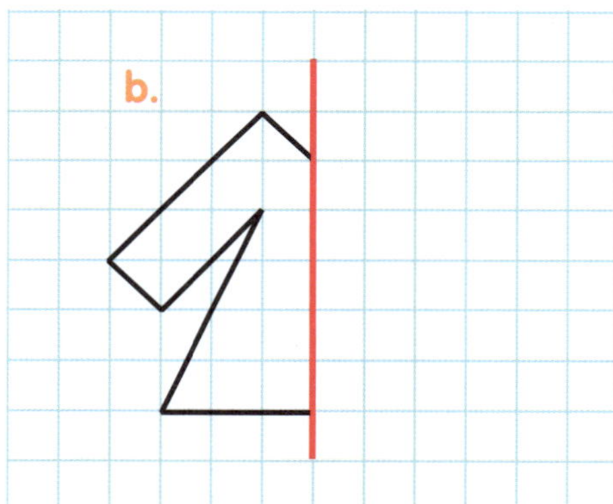

4. Complète le tableau en indiquant par une fraction ce que représente la quantité colorée, puis ce que représente la quantité blanche.

a. 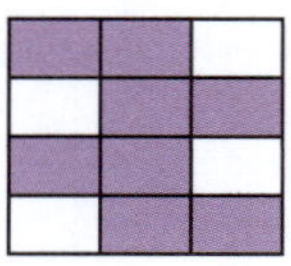

b. 

	Partie colorée	Partie blanche
a.		
b.		

5 Pose les opérations suivantes.

a. 142 : 3

b. 269 : 7

c. 778 : 8

6 Repasse chaque parallélogramme d'une couleur différente.

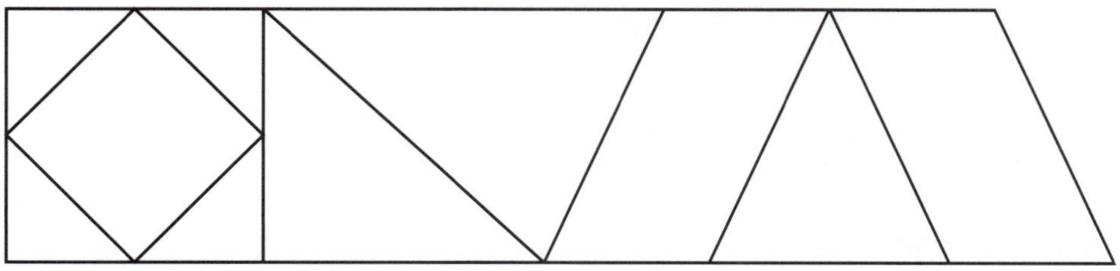

7 Trace deux figures différentes avec une aire de 25 unités.

□ = 1 unité

TOP CHRONO !

Calcule le plus vite possible.

58 + ... = 100

27 + ... = 100

22 × 2 = ...

23 × 2 = ...

46 : 2 = ...

60 : 2 = ...

70 + ... = 100

19 + ... = 100

42 × 2 = ...

15 × 2 = ...

88 : 2 = ...

100 : 2 = ...

Les solides (1)

1 Nomme ce solide et complète la légende avec les mots suivants : **arête** – **face** – **sommet**

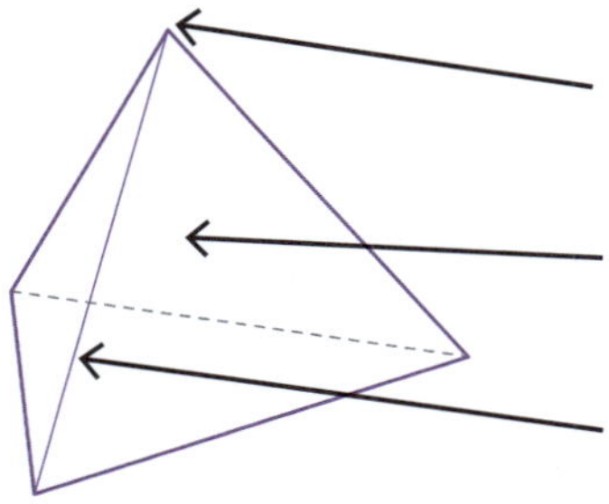

....

....

....

Ce solide est ....

2 Vrai ou faux ? Coche la bonne réponse.

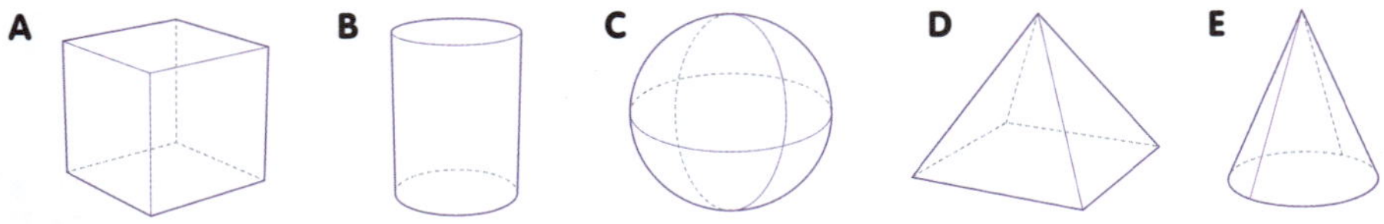

Un polyèdre est un solide dont toutes les faces sont des polygones.

a. Toutes les faces du solide A ont la même surface. ☐ **VRAI** ☐ **FAUX**

b. Les bases du solides B sont circulaires. ☐ **VRAI** ☐ **FAUX**

c. Le solide C a une arête. ☐ **VRAI** ☐ **FAUX**

d. Le solide D a quatre faces. ☐ **VRAI** ☐ **FAUX**

e. Le solide E est un polyèdre. ☐ **VRAI** ☐ **FAUX**

3 Complète ce tableau.

Solide	Nombre de faces	Nombre d'arêtes	Nombre de sommets
	....	....	....
	....	....	....
	....	....	....

4 Termine ce pavé droit en ajoutant ses arêtes cachées en pointillé.

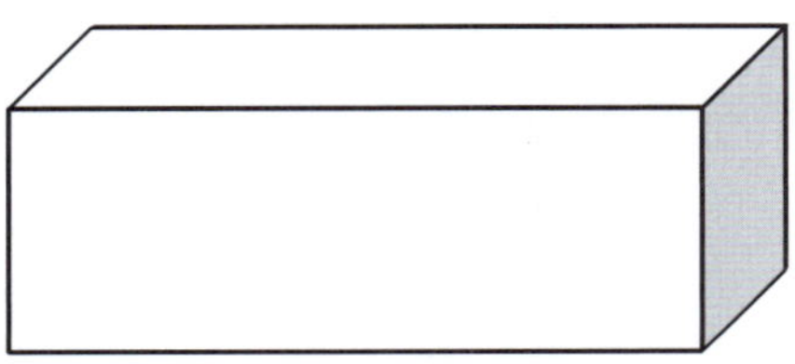

Pense à t'aider de ta règle !

Les quatre opérations

1 Pose ces opérations en colonnes, sans oublier les retenues.

a. 902 − 94 **b.** 139 × 41 **c.** 189 : 3

2 Complète ces opérations à trous. N'oublie pas les éventuelles retenues !

a.

	.	.	3	1
+		6	5	.
=	9	4	.	0

b.

		2	7
+	1	3	.
+	4	.	8
=	.	8	9

c.

	2	.	.	7
−	1	3	8	.
=	.	0	3	0

3 Trouve le bon signe pour chaque opération : +, −, × ou :.

a. 477 ...... 17 = 460 **b.** 1 381 ...... 23 = 1 404 **c.** 103 ...... 20 = 2 060

d. 575 ...... 25 = 23 **e.** 828 ...... 4 = 207 **f.** 709 ...... 11 = 720

4 Le compte est bon ! Trouve ces résultats en utilisant les nombres proposés.

a. **24** avec 9, 1, 6, 5, 2, 10 → .... **b.** **205** avec 9, 100, 6, 5, 2, 10 → ....

c. **515** avec 9, 100, 6, 5, 2, 10 → .... **d.** **32** avec 2, 2, 6, 2, 10 → ....

Tu n'es pas obligé(e) de tous les utiliser à chaque fois et plusieurs solutions sont possibles !

DÉFI

Calcule le plus vite possible.

Paul termine sa course en 2 minutes et 39 secondes.
Jules met 48 secondes de plus.
En combien de temps Jules termine-t-il sa course ?

→ ....

Problèmes de multiplication et de division

1 Calcule de tête le résultat de ces problèmes, et entoure la proposition correcte.

Lis attentivement chaque problème et trouve l'opération qui te permettra de le résoudre.

a. Un cahier d'exercices de mathématiques coûte 9 euros.
Quelle somme la maîtresse doit-elle prévoir pour équiper les 24 élèves de sa classe ?

216 euros   270 euros   309 euros

b. Du 1er au 30 juin, le père d'Hugo décide de parcourir 20 kilomètres à vélo par jour.
Quelle distance a-t-il parcourue à la fin du mois ?

60 kilomètres   600 kilomètres   6 000 kilomètres

c. Lucas a 24 bonbons. Il veut les partager équitablement avec ses trois amis.
Combien de bonbons chacun aura-t-il ?

6 bonbons   4 bonbons   3 bonbons

2 Résous les problèmes suivants.

a. Le parking de la place peut accueillir 120 véhicules garés sur 4 rangées.
Combien y a-t-il de véhicules par rangée ?

→ ....

....

b. Une compagnie ferroviaire possède 182 trains. Avant la mise en service, une équipe de 7 techniciens vérifie que tout fonctionne bien. Combien de techniciens sont nécessaires pour vérifier la totalité des trains de la compagnie ?

→ ....

....

3 Invente un énoncé qui peut correspondre à l'opération suivante, puis effectue le calcul.

96 : 8

→ ....

....

....

....

....

....

Opérations sur les nombres décimaux

JE RETIENS

Les opérations sur les **nombres décimaux** se font de la même manière que sur les nombres entiers. Commence par aligner les virgules entre elles puis, comme dans les autres calculs, aligne les unités avec les unités, les dizaines avec les dizaines, etc.

N'oublie pas **d'ajouter des zéros** pour t'aider si besoin.

On ne mélange pas la partie entière et la partie décimale !

	1	2	3,	8	4
+		2	3,	4	0
=	1	4	7,	2	4

	6	7,	0	0
−	2	1,	7	8
=	4	5,	2	2

1 Colorie le résultat le plus proche, sans poser l'opération.
Attention, ne mélange pas la partie entière et la partie décimale !

a. 4,6 + 51,980 = (55) (550) (55 000)

b. 677 − 120,99 = (55) (550) (55 000)

c. 500,989 + 12,9817 = (630 000) (630) (513)

d. 32,6 + 9,123 = (40 000) (40) (400)

e. 790,89 − 10,999 = (800) (780) (80 000)

2 Explique à un adulte pourquoi cette opération est mal posée, puis pose-la en colonnes et calcule-la correctement.

	3	4	8,	8	9
+	1	2,	5	4	1
=					

3 Pose ces opérations en colonnes, n'oublie pas d'ajouter des zéros pour t'aider.

a. 123,89 + 54,5

b. 567,87 − 67,3

DÉFI

Calcule le plus vite possible.

Sasha dépense 32 euros pour un pull, 14 euros pour un pantalon et 24 euros pour des baskets. Il lui reste 15 euros.
Combien avait-il au départ ?

→ ....

Les solides (2)

1 Relie chaque solide à son patron.

cube | pavé droit | pyramide à base triangulaire | pyramide à base carrée | cylindre

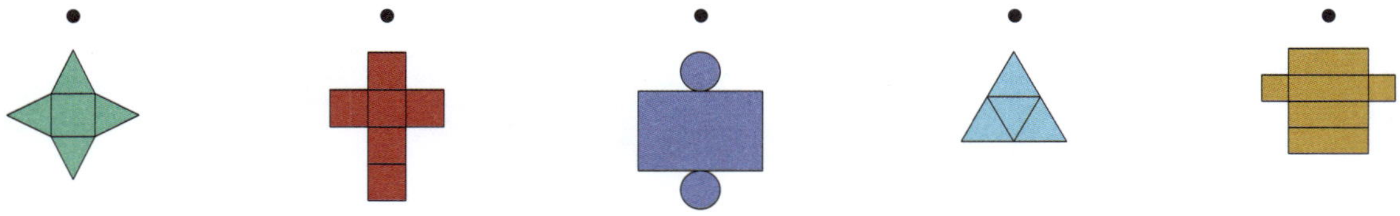

2 Voici les patrons d'un pavé droit et d'une pyramide à base triangulaire. Observe-les, puis réponds aux questions.

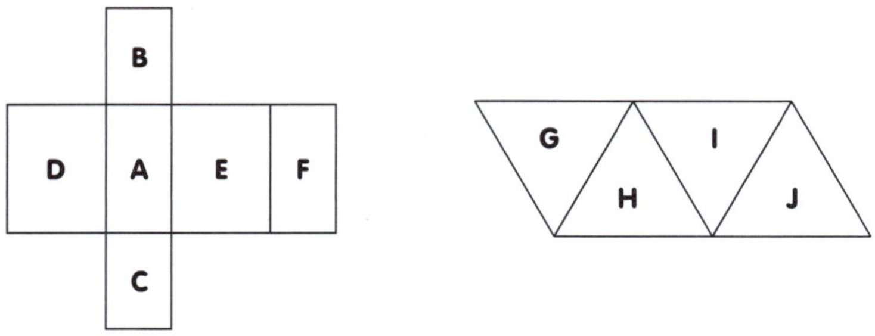

*Tu peux t'aider des patrons à assembler de la **page 57**.*

a. Quelle est la face opposée à la face A ? → ....

b. La face D et la face E ont-elles un sommet commun ? → ....

c. Combien d'arêtes possède le pavé ? → ....

d. Les faces G et I sont-elles parallèles ? → ....

e. Combien de sommets possède la pyramide ? → ....

f. La face G et la face J ont-elles une arête commune ? → ....

3 Colorie les patrons de cube qui sont corrects.

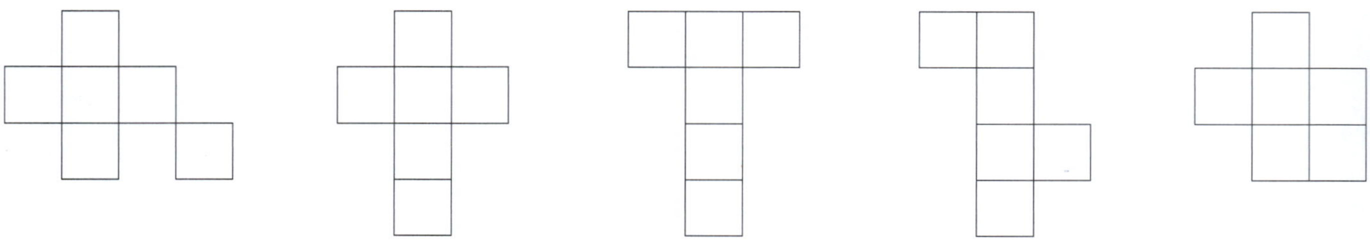

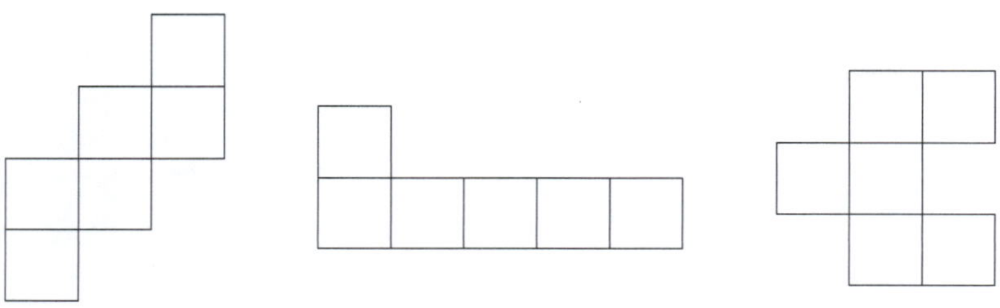

Certains solides peuvent avoir plusieurs patrons. Il existe 11 possibilités pour le cube !

La proportionnalité

1 Vrai ou faux ?

a. Paul mesure 1,25 m à 9 ans. Il sera 2 fois plus grand à 18 ans. → ....

b. Je paie 4 euros pour 1 billet de cinéma. Je paierai 8 euros pour 2 billets de cinéma. → ....

c. Jules fait un tour de stade en 5 minutes. Il fera 3 tours de stade en 15 minutes. → ....

d. J'utilise 100 grammes de sucre dans un gâteau pour 5 personnes. J'utiliserai 200 grammes de sucre pour un gâteau de 10 personnes. → ....

2 Complète les tableaux en utilisant l'addition ou la multiplication.

Nombre de tickets de cinéma	2	4	10	50	100	200
Prix en euro	3	......	......	......	......	......

Commence par chercher le coût d'un seul ticket de cinéma.

3 Transforme cette recette pour le nombre d'invités demandé.

Cookies au chocolat

Ingrédients pour 2 personnes :

Farine : 200 g

Sucre : 120 g

Beurre : 50 g

Œufs : 2

Pépites de chocolat : 15

	Nombre de personnes		
	4	20	6
Farine en grammes	......	......	......
Sucre en grammes	......	......	......
Beurre en grammes	......	......	......
Œufs	......	......	......
Pépites de chocolat	......	......	......

DÉFI

Calcule le plus vite possible.

Jules achète 13 sucettes, Lucie en achète 4 de plus que Jules, et Paul 2 de moins que Lucie.
Combien Paul et Lucie ont-ils chacun de sucettes ?

→ ....

Problèmes complexes

1 Remplis le tableau en utilisant toutes les informations données dans l'énoncé.

Nolwenn et Guillaume vont au centre de loisirs. Les animateurs doivent remplir les tableaux de présence des enfants en indiquant le nombre de filles et de garçons, ainsi que le total d'enfants présents. L'athlétisme a attiré 28 enfants. L'activité théâtre est complète, il y a en effet 43 enfants inscrits. En art visuel, il y a 15 filles et 17 garçons.

Combien de filles sont inscrites en athlétisme ? → ....
Combien de garçons participent à l'activité théâtre ? → ....
Combien y a-t-il d'inscrits en art visuel ? → ....
Combien y a-t-il d'enfants inscrits en tout ? → ....

Tu peux effectuer tous ces calculs de tête.

	Athlétisme	Arts visuels	Théâtre
Filles	....	15	21
Garçons	13	17	....
Total	28	....	43

2 Lors d'un voyage à Rome, 63 touristes montent dans un car à 2 étages. Il y a 46 places en haut et 12 places de moins en bas.

a. Combien y a-t-il de places en bas ?

→ ....

....

b. Combien y a-t-il de places au total dans le car ?

→ ....

....

c. Combien reste-t-il de places libres ?

→ ....

....

3 La famille Faure est partie en vacances en Corse. Les billets pour la traversée ont coûté en tout 489 euros, et Papa a réservé 5 nuits dans un camping pour la somme de 15 euros par nuitée pour la famille.

Combien va coûter le séjour en Corse pour les 4 membres de la famille ?

→ ....

....

....

Attention, pour répondre à cette question, tu as besoin de poser deux opérations.

Utiliser la calculatrice

JE RETIENS

Une calculatrice permet de calculer plus rapidement ou de vérifier les calculs effectués à la main. Attention ! une calculatrice ne raisonne pas : elle ne fait qu'exécuter les ordres qu'on lui donne !

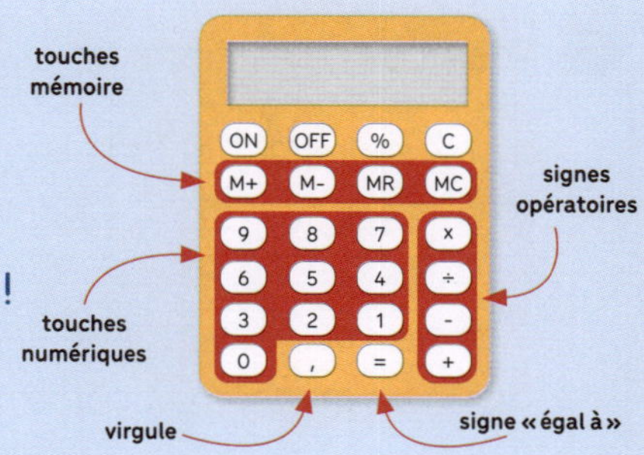

1 Clément veut taper la multiplication suivante : 40 073 × 39. Sans faire exprès, il tape sur la touche : (.) Voilà ce que cela donne sur sa calculatrice : 4007,3 × 3,9

a. À quels signes correspond la touche (.) dans ce calcul ? → ....

b. Entoure les signes correspondants, puis calcule cette multiplication. 4 0 0 7 , 3 × 3 , 9 = ...

2 Effectue ces calculs en utilisant ta calculatrice.

a. 1 739 + 548 = ...
b. 6 073 + 354 = ...
c. 4 920 + 3 509 = ...
d. 3 084 – 2 658 = ...
e. 3 723 – 2 009 = ...
f. 6 548 – 253 = ...
g. 872,5 × 47 = ...
h. 209,6 × 3,8 = ...
i. 593,95 × 8,49 = ...
j. 2 075 : 8 = ...
k. 896 : 14 = ...
l. 565 : 25 = ...

3 Colorie les touches sur lesquelles tu dois appuyer pour effectuer cette division : 546,2 ÷ 18.
Effectue le calcul et écris le résultat sur l'écran.

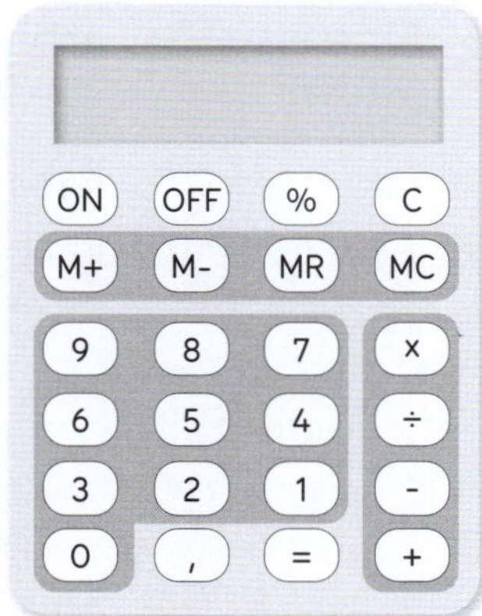

4 Sarah a acheté 11 bouquets de roses à 21 euros et 15 vases à 35 €. Combien a-t-elle payé en tout ? Aide-toi de ta calculatrice pour le savoir.

Elle a payé .... euros.

DÉFI

Calcule à l'aide de ta calculatrice.

121 + 50 + 4 = ...
778 – 18 – 2 = ...
309 + 65 + 7 = ...
23 × 12 × 2 = ...
407 – 41 – 6 = ...
36 × 75 × 3 = ...

Évaluation

1 Pose ces opérations en colonnes.

a. 234 + 8 965

b. 456 : 59

c. 531 × 4

2 Pose ces opérations en colonnes.

a. 841,4 + 12,83

b. 543,2 – 12,51

3 Résous ces problèmes en écrivant tes calculs.

a. Lucie vient de recevoir 15 euros pour son anniversaire, elle a maintenant 55 euros. Combien avait-elle avant son anniversaire ?

→ ....

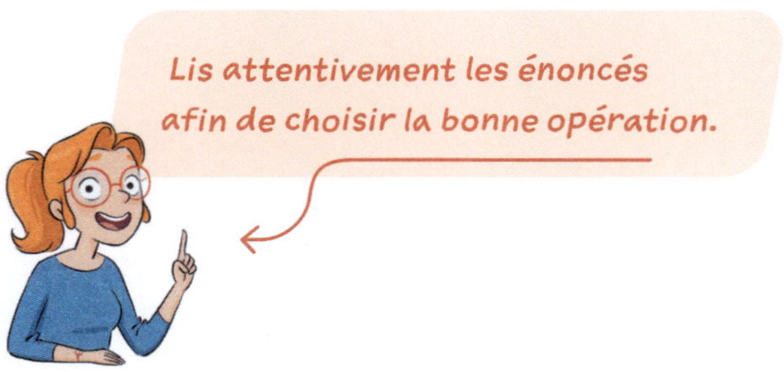

b. La maîtresse a acheté un paquet géant de bonbons en promotion. Il est écrit que le paquet contient 148 bonbons. Elle les distribue aux 4 classes de l'école.
Combien de bonbons aura chaque classe ?

→ ....

4 Complète ce tableau de proportionnalité en additionnant ou en multipliant, puis complète les phrases.

a. Je paie .... euros si j'achète **5** croissants.

b. Je paie **18** euros si j'achète .... croissants.

c. Je paie .... euros si j'achète **20** croissants.

Nombre de croissants	5	10		20	
Prix en euros	6		18		36

5 Les roues de la moto d'Antoine parcourent 240 cm en 2 tours. Quelle distance en m va-t-il parcourir après 200 tours de roue ?

Nombre de tours	1	2	200
Distance parcourue (en cm)			

→ ....

....

À toi de remplir ton tableau de proportionnalité à partir des informations de l'énoncé.

6 Classe ces figures géométriques dans le tableau.

A 

B 

C 

D 

E 

Solides		Autres
Polyèdres	Non polyèdres	

Le calcul mental développe ta capacité à penser de manière rapide et structurée. Il te permet d'exercer ta mémoire et ta concentration.

TOP CHRONO !

Calcule le plus vite possible.

5 + 3,5 = ...

10 + 0,9 = ...

2,3 + 1,4 = ...

0,5 + 6,2 = ...

23 : 2 = ...

65 : 2 = ...

21 + 4,4 = ...

13 + 5,7 = ...

11,1 + 1,8 = ...

2,4 + 2,3 = ...

47 : 2 = ...

15 : 2 = ...

Les unités de mesure

*Pour te servir de ce tableau, c'est très simple !
Place toujours en premier le chiffre des unités du nombre à convertir. Pour savoir dans quelle colonne tu dois le placer, il suffit de regarder quelle est l'unité de mesure du nombre.
Tu ne dois placer qu'un seul chiffre par colonne !
Une fois tous les nombres convertis dans la même unité, tu peux effectuer ton opération !*

LONGUEURS

km kilomètre	hm hectomètre	dam décamètre	m mètre	dm décimètre	cm centimètre	mm millimètre

MASSES

kg kilogramme	hg hectogramme	dag décagramme	g gramme	dg décigramme	cg centigramme	mg milligramme

CAPACITÉS

kL kilolitre	hL hectolitre	daL décalitre	L litre	dL décilitre	cL centilitre	mL millilitre

Les tables de multiplication

Entraîne-toi à réciter tes tables, tu dois les connaître par cœur !

Table de 1

1 × 1 = 1
2 × 1 = 2
3 × 1 = 3
4 × 1 = 4
5 × 1 = 5
6 × 1 = 6
7 × 1 = 7
8 × 1 = 8
9 × 1 = 9
10 × 1 = 10

Table de 2

1 × 2 = 2
2 × 2 = 4
3 × 2 = 6
4 × 2 = 8
5 × 2 = 10
6 × 2 = 12
7 × 2 = 14
8 × 2 = 16
9 × 2 = 18
10 × 2 = 20

Table de 3

1 × 3 = 3
2 × 3 = 6
3 × 3 = 9
4 × 3 = 12
5 × 3 = 15
6 × 3 = 18
7 × 3 = 21
8 × 3 = 24
9 × 3 = 27
10 × 3 = 30

Table de 4

1 × 4 = 4
2 × 4 = 8
3 × 4 = 12
4 × 4 = 16
5 × 4 = 20
6 × 4 = 24
7 × 4 = 28
8 × 4 = 32
9 × 4 = 36
10 × 4 = 40

Table de 5

1 × 5 = 5
2 × 5 = 10
3 × 5 = 15
4 × 5 = 20
5 × 5 = 25
6 × 5 = 30
7 × 5 = 35
8 × 5 = 40
9 × 5 = 45
10 × 5 = 50

Table de 6

1 × 6 = 6
2 × 6 = 12
3 × 6 = 18
4 × 6 = 24
5 × 6 = 30
6 × 6 = 36
7 × 6 = 42
8 × 6 = 48
9 × 6 = 54
10 × 6 = 60

Table de 7

1 × 7 = 7
2 × 7 = 14
3 × 7 = 21
4 × 7 = 28
5 × 7 = 35
6 × 7 = 42
7 × 7 = 49
8 × 7 = 56
9 × 7 = 63
10 × 7 = 70

Table de 8

1 × 8 = 8
2 × 8 = 16
3 × 8 = 24
4 × 8 = 32
5 × 8 = 40
6 × 8 = 48
7 × 8 = 56
8 × 8 = 64
9 × 8 = 72
10 × 8 = 80

Table de 9

1 × 9 = 9
2 × 9 = 18
3 × 9 = 27
4 × 9 = 36
5 × 9 = 45
6 × 9 = 54
7 × 9 = 63
8 × 9 = 72
9 × 9 = 81
10 × 9 = 90

Table de 10

1 × 10 = 10
2 × 10 = 20
3 × 10 = 30
4 × 10 = 40
5 × 10 = 50
6 × 10 = 60
7 × 10 = 70
8 × 10 = 80
9 × 10 = 90
10 × 10 = 100

Les formes géométriques

Les formes planes

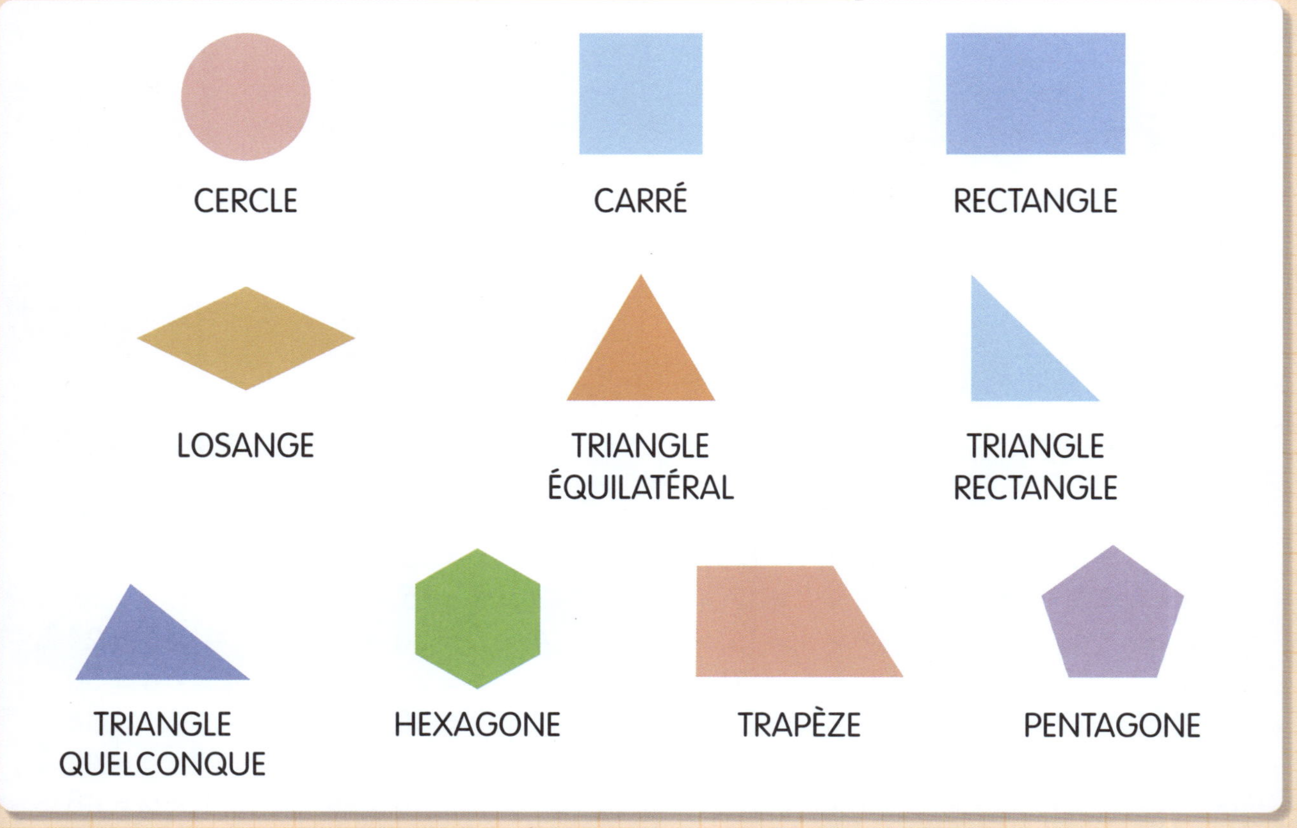

Les solides

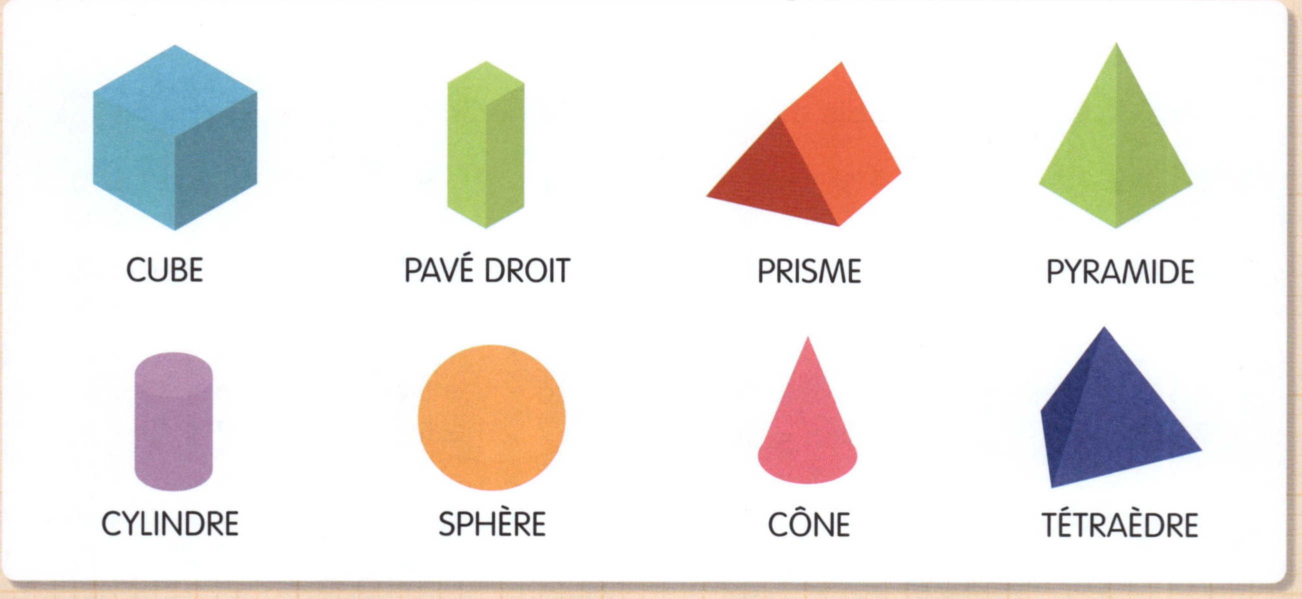

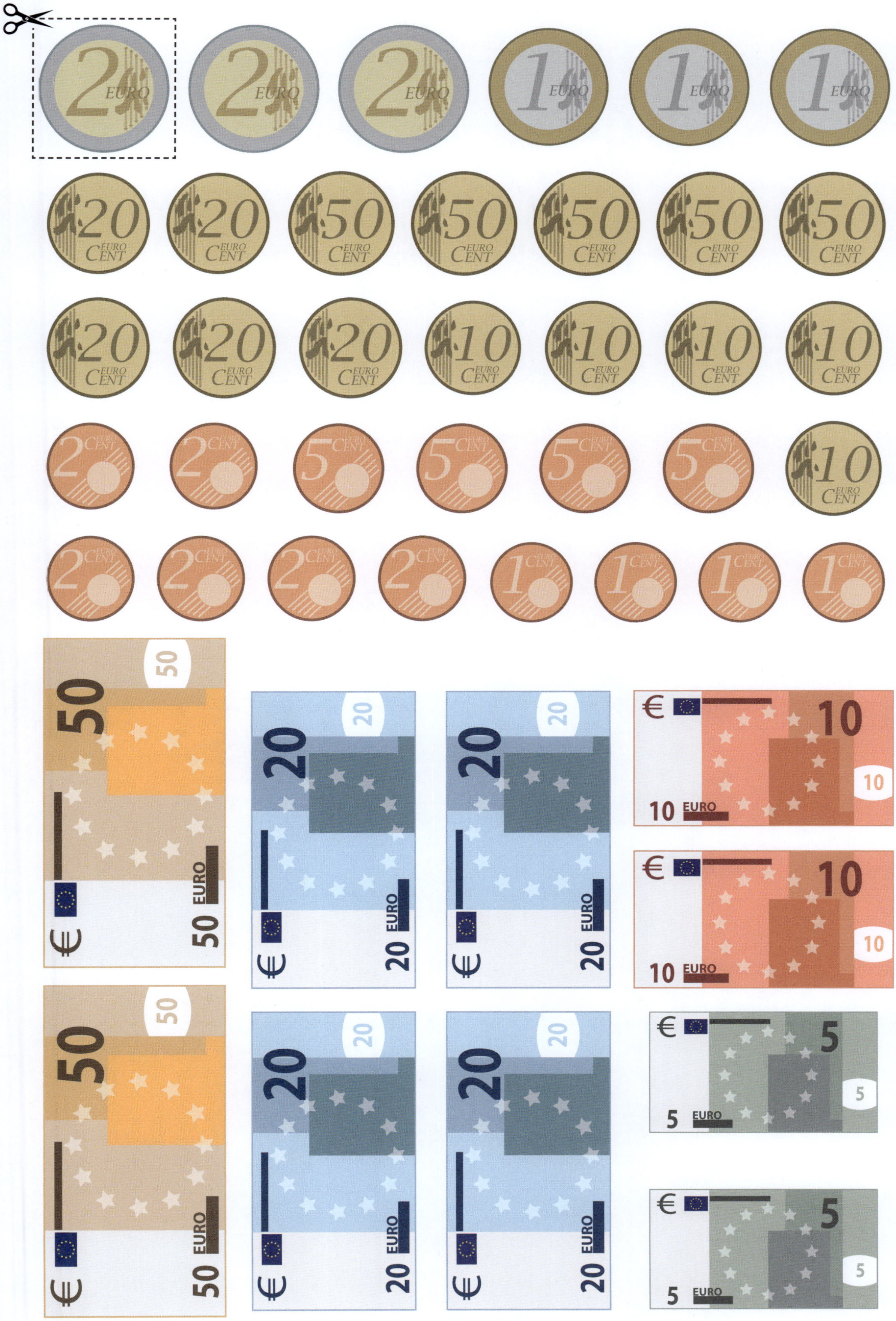
2 EURO 2 EURO 2 EURO 1 EURO 1 EURO 1 EURO
20 EURO CENT 20 EURO CENT 50 EURO CENT 50 EURO CENT 50 EURO CENT 50 EURO CENT 50 EURO CENT
20 EURO CENT 20 EURO CENT 20 EURO CENT 10 EURO CENT 10 EURO CENT 10 EURO CENT 10 EURO CENT
2 EURO CENT 2 EURO CENT 5 EURO CENT 5 EURO CENT 5 EURO CENT 5 EURO CENT 10 EURO CENT
2 EURO CENT 2 EURO CENT 2 EURO CENT 2 EURO CENT 1 EURO CENT 1 EURO CENT 1 EURO CENT 1 EURO CENT
50 € 50 EURO 50
20 € 20 EURO 20
20 € 20 EURO 20
€ 10 10 EURO 10
€ 10 10 EURO 10
50 € 50 EURO 50
20 € 20 EURO 20
20 € 20 EURO 20
€ 5 5 EURO 5
€ 5 5 EURO 5

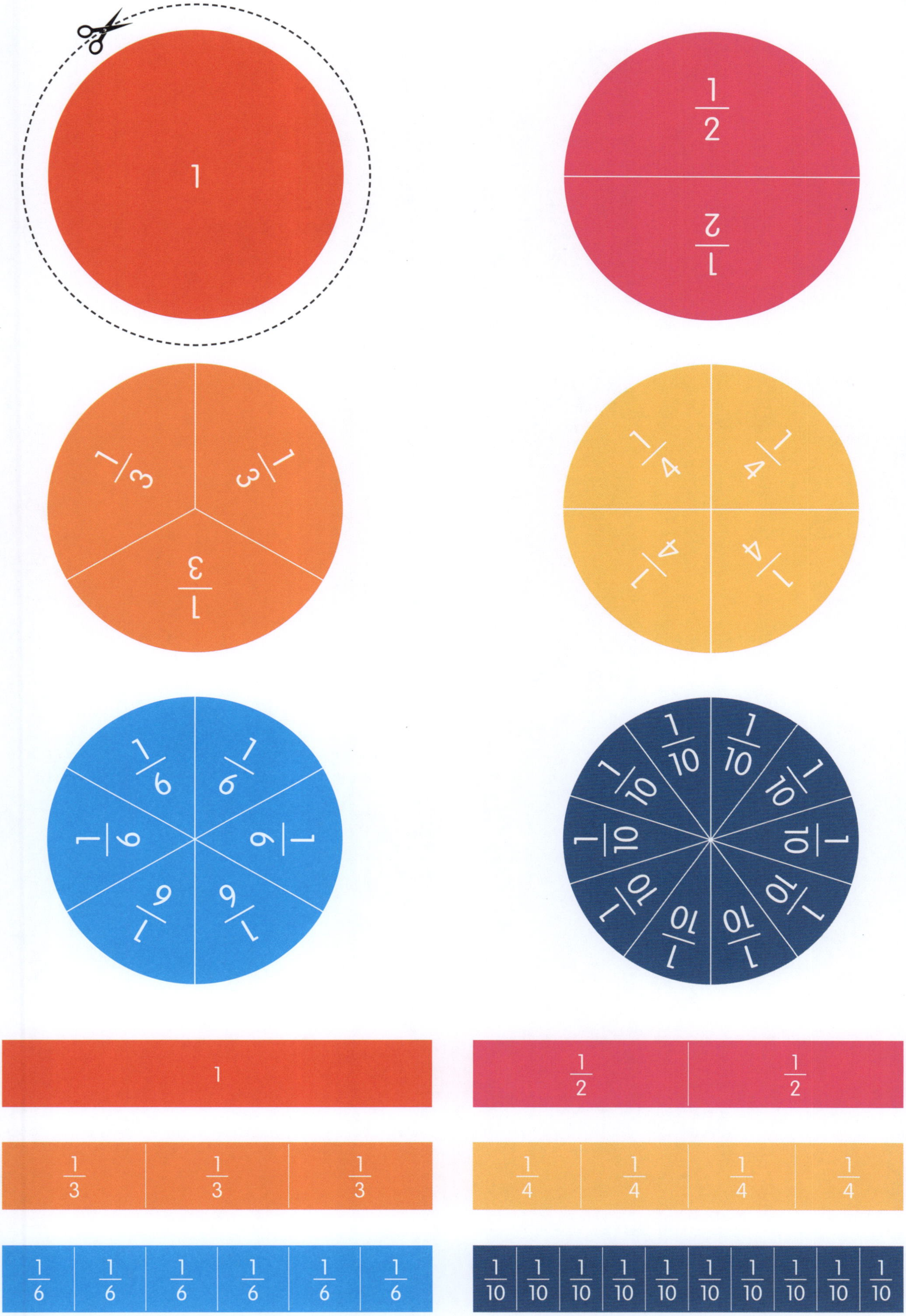
1
1/2 1/2
1/3 1/3 1/3
1/4 1/4 1/4 1/4
1/6 1/6 1/6 1/6 1/6 1/6
1/10 1/10 1/10 1/10 1/10 1/10 1/10 1/10 1/10 1/10

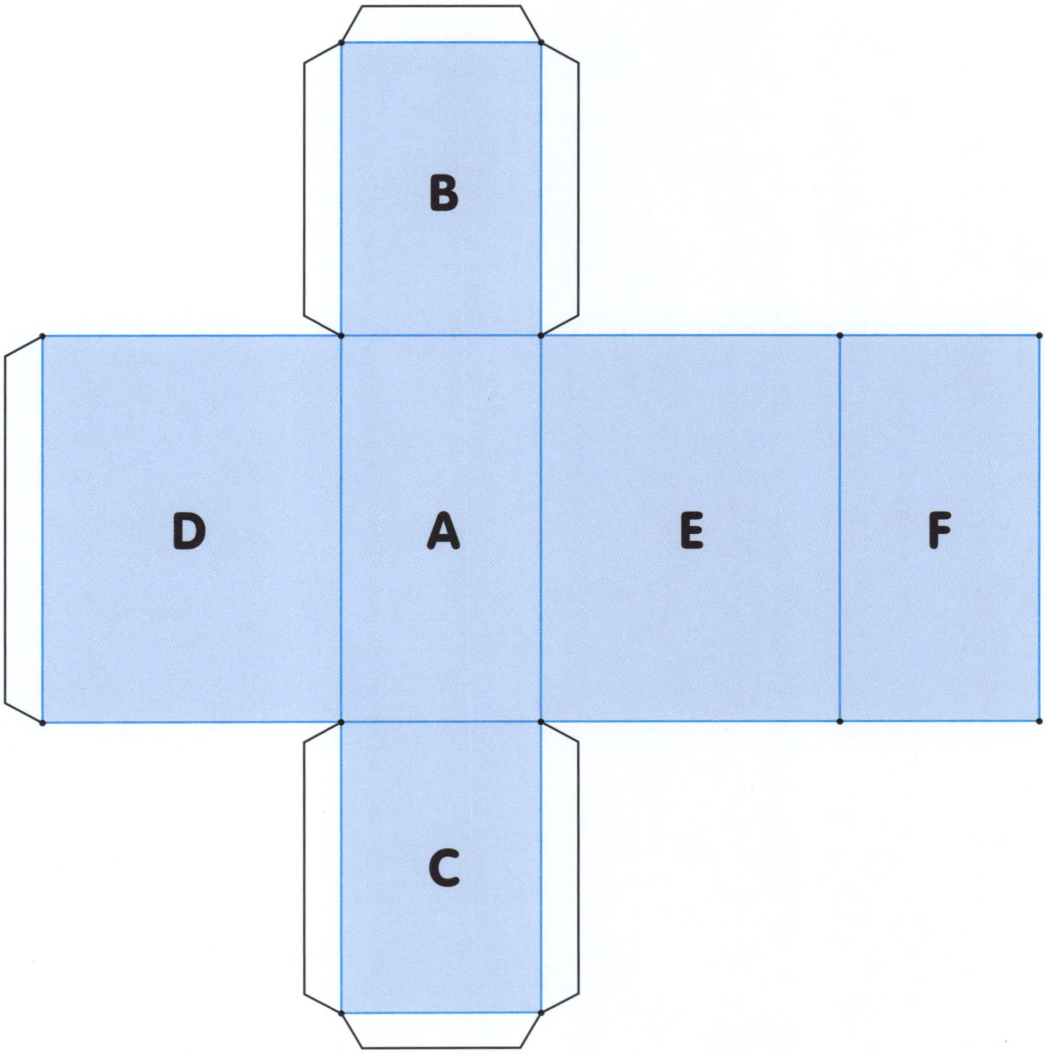

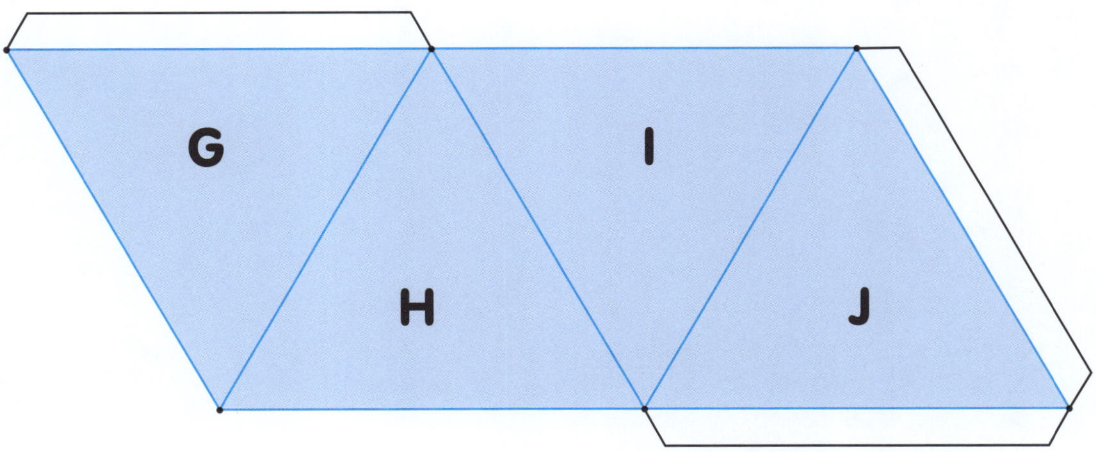

Découpe les patrons puis plie sur les traits bleus. Tu pourras ensuite assembler tes solides en collant les languettes blanches !

Corrigés

PAGE 6

1.

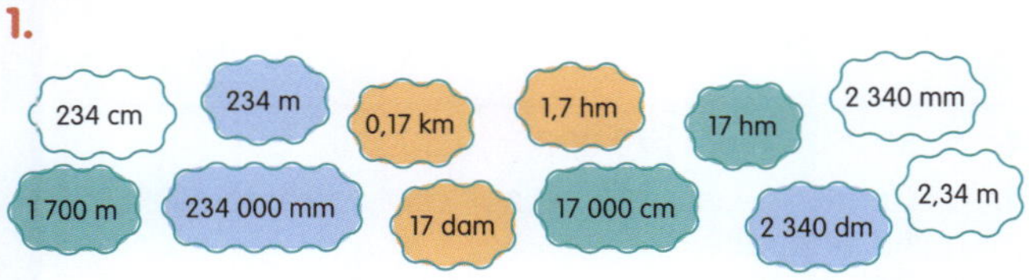

2.

3. **a)** 300 cm < 400 cm < 6 000 mm < 1 500 cm < 300 dm.
b) Herbe à éléphant ; acacia ; épine sifflante ; candélabre ; baobab.

PAGE 7

1.

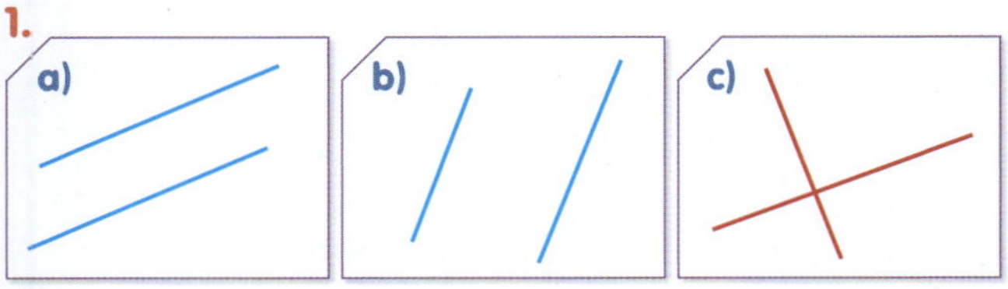

2.

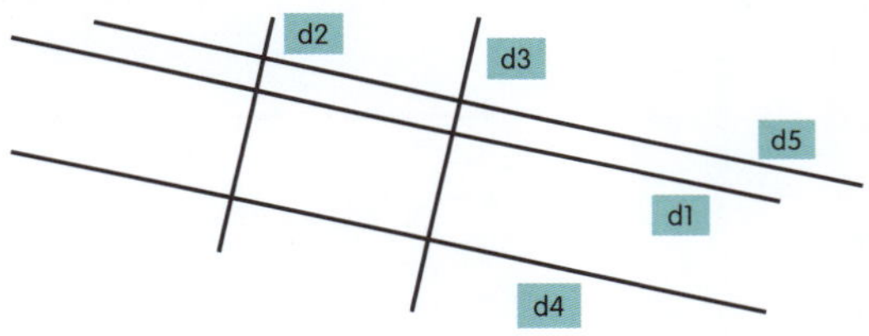

3. **a)** Faux. **b)** Vrai.

8 000 personnes.

PAGE 8

1.

Âge	1	3	5	7	9	11	13	15	17
Taille en cm	**80**	**100**	**110**	**130**	**140**	140	160	170	180

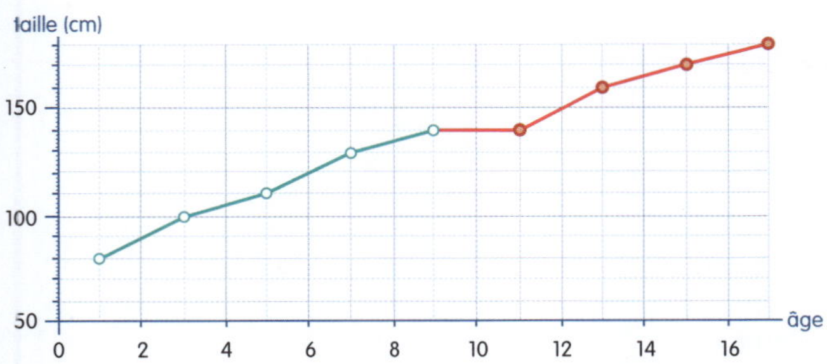

2. 12 % ; la voiture ; à pied ; le bus ; 39 % ; 61 %.

PAGE 9

1.

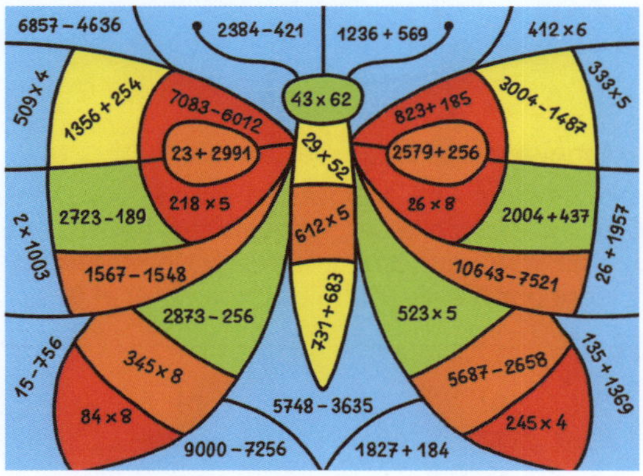

2. **a)** ~~2 000~~ ; ~~1 100~~ ; 1 300. **b)** ~~1 000~~ ; ~~700~~ ; 1 500.
c) ~~1 000~~ ; 1 700 ; ~~2 000~~. **d)** ~~100~~ ; ~~300~~ ; 330.

3. **a)** 78 € + 21 € → 100 €. **b)** 121 € + 183 € → 300 €.
c) 34 € + 42 € → 77 €.

125 espèces.

PAGE 10

1. **a)** La question qu'il faut souligner est : « Combien d'argent va-t-il déposer sur son compte-épargne ? » Les données utiles pour y répondre sont : deux billets de 50 €, 71 €, et 10 €.
b) La somme ; La réduction ; Il paie ; Épargner.
c) Faux ; Vrai ; Faux ; Faux ; Vrai ; Faux.

2.

P	P	P	P	P	P
M	M	J	J	J	J
L	L	L	L		
A	A	A	A	A	A
A	A	A	A	A	A

Non, il n'y aura pas assez de chocolat pour Ève (car il ne reste que 2 carrés).

PAGE 11

1. **a)** 23 456. **c)** 67 932. **d)** 123 000. **f)** 56 789.

2. **d)** Sept millions. **e)** Deux cents.

3. trois cent dix-huit millions cinq cent six mille quatre-vingts → **318 506 080**.

6 000 €.

PAGE 12

2.

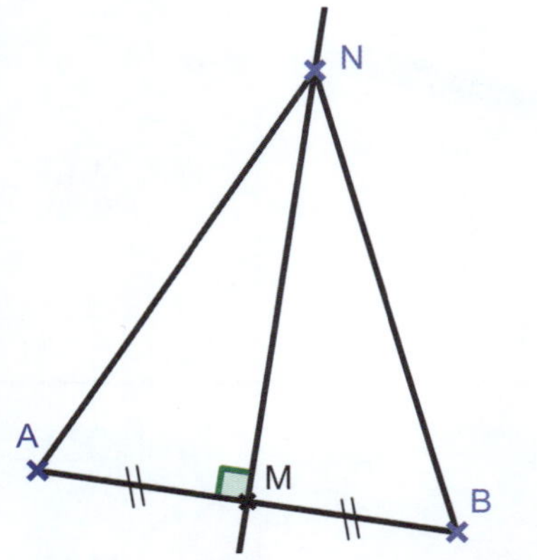

Les longueurs NA et NB sont égales.

3. Trace un carré **ABCD**. Place le milieu **G** du segment **[CD]**. Trace la droite perpendiculaire à **(DC)** passant par **G**. À l'intérieur du carré, trace deux **demi-cercles** : l'un passant par **A** et **B**, l'autre passant par **C** et **D**.

PAGE 13

1. **a)** 1 2 4 8 9 0 + 1 5 3 7 3 2 = 2 7 8 6 2 2 **b)** 8 8 2 5 5 − 6 7 0 6 5 = 2 1 1 9 0

2. **a)** 7 6 0 5 4 + 8 8 1 6 9 = 1 6 4 2 2 3 **b)** 3 1 2 5 6 3 − 2 0 3 6 5 5 = 1 0 8 9 0 8

3. Le calcul b est faux, car Alexandra a oublié de compter une retenue (782 645 − 452 186 = 330 459).

PAGE 14

1. Le trésor se trouve en (**J** ; **6**).

2.

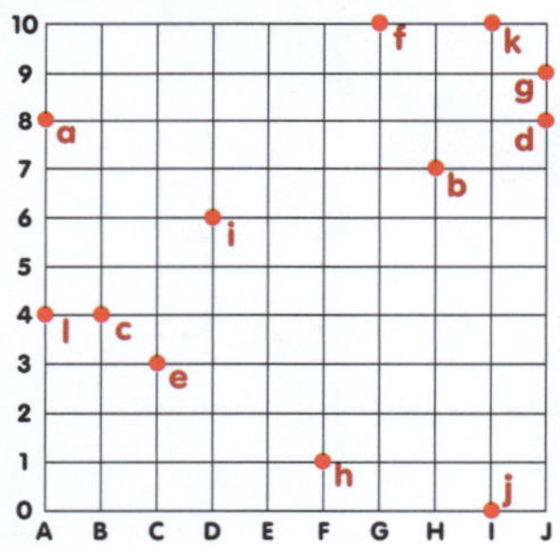

a) Les points qui se trouvent sur la même ligne sont : f et k, a et d, l et c.

b) Les points qui se trouvent sur la même colonne sont : a et l, g et d.

PAGE 15

1.

Matin : 2 h 20 — Après-midi : **14 h 20**
Matin : 8 h 15 — Après-midi : **20 h 15**
Matin : **5 h 45** — Après-midi : 17 h 45
Matin : **3 h 10** — Après-midi : 15 h 10

2.

2 heures — 1 h 30 — 120 min — 10 min
90 min — 3 min et 10 s — 600 s — 190 s

3. Son trajet a duré **7 h 52** (15 min + 7 h + 37 min).

Il me reste 24 cartes (36 − 12).

PAGE 16

1. **a)** 280 cm. **b)** 45,6 km. **c)** 67 800 cm. **d)** 7,89 dm.

2.

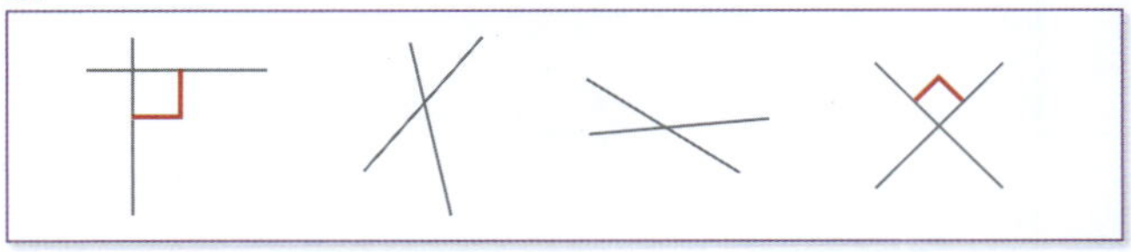

3.

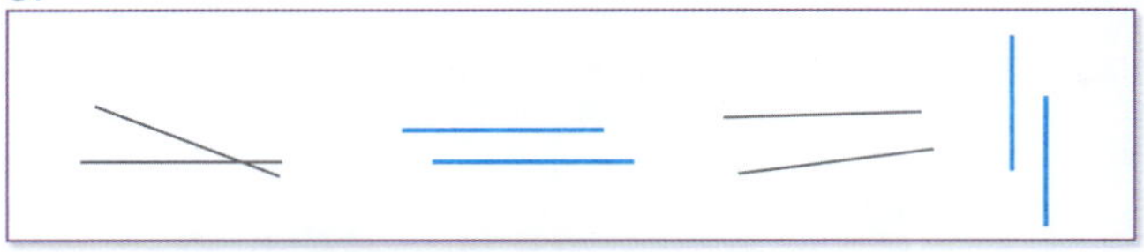

4. **a)** 80. **b)** 1 000. **c)** 70 000. **d)** 1 500.

5. **a)** Quarante-cinq millions huit cent soixante-seize mille huit cent quatre.
b) Trois mille huit cent soixante-dix-neuf.
c) Cinquante-six millions quatre cents.
d) Neuf millions quatre.

6.

88 + 21	455 × 2	678 − 78	28 + 55	**56 + 43**
123 + 89	**217 − 121**	5 × 200	**53 × 2**	789 − 789
89 × 2	300 − 100	**11 × 10**	999 − 111	25 × 6

PAGE 17

7. **a)** 613 203 517. **b)** 3 000 609. **c)** 3 609 000. **d)** 10 004.

8. **a)** 3 h 11. **b)** 6 h 59. **c)** 1 h 35. **d)** 192 min.

9.

a	b	c	d	e
(**G** ; **9**)	(**C** ; **2**)	(**E** ; **7**)	(**E** ; **3**)	(**J** ; **2**)

a) Les points b et e se trouvent sur la même ligne.
b) Les points c et d se trouvent sur la même colonne.

58 ; 98 ; 54 ; 44 ; 976 ; 879 ; 313 ; 400 ; 56 ; 25 ; 0 ; 18.

PAGE 18

1. **a)** 6 4 3 × 4 = 2 5 7 2 **b)** 4 2 1 × 2 1 : 4 2 1 + 8 4 2 0 = 8 8 4 1 **c)** 1 5 1 × 1 2 5 : 7 5 5 + 3 0 2 0 + 1 5 1 0 0 = 1 8 8 7 5

2. **a)** 1 5 6 × 2 0 2 : 3 1 2 + 3 1 2 0 0 = 3 1 5 1 2 **b)** 5 6 0 × 1 2 4 : 2 2 4 0 + 1 1 2 0 0 + 5 6 0 0 0 = 6 9 4 4 0

PAGE 19

1.

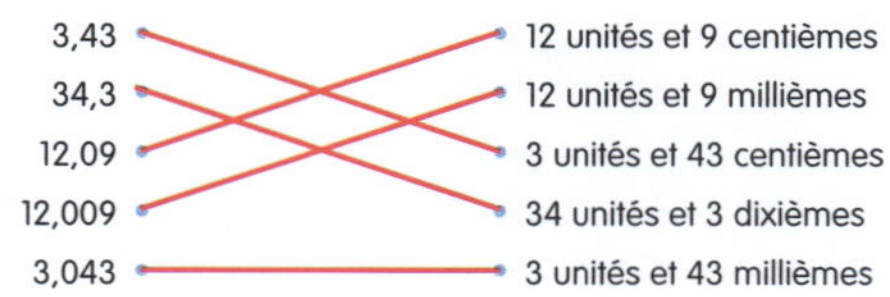

2.

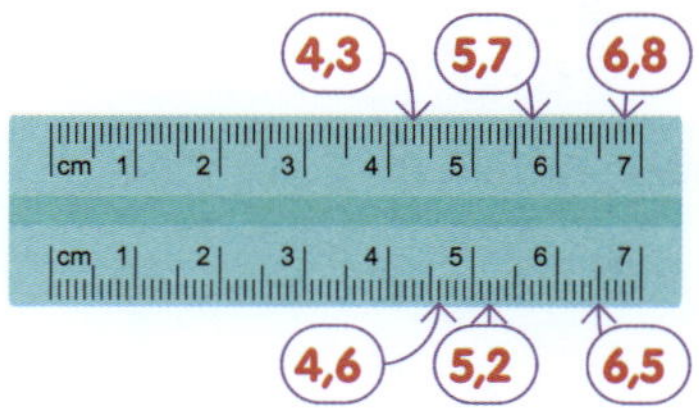

3. **a)** 3,5 > 3,05. **b)** 17,34 > 1,734. **c)** 12,2 > 9,99.
d) 0,417 < 1,120. **e)** 8,60 = 8,6. **f)** 5,35 > 5,035.

4.

4 dixièmes	63 centièmes	0,40	630 centièmes
6,3	0,4	63 dixièmes	0,04
6300 millièmes	4 centièmes	0,63	40 millièmes
1 – 0,6	400 millièmes	6 unités et 3 dixièmes	0,2 + 0,2

9 €.

PAGE 20

1. **5** équipes.
2. **8** joueurs (reste **1** élève sans équipe).
3. **6** équipes (reste **1** élève sans équipe).
4. **4** cartons.

PAGE 21

1. 100 cL – 1 hL – 1 L – 100 L – 100 dL – 1 daL – 10 mL – 1 cL

2. **a)** 200 mL. **b)** 300 mL. **c)** 500 mL. **d)** 6 mL.
6 < 200 < 300 < 500 : **seringue** < **verre** < **cruche** < **bouteille**.

3. **a)** **b)** **c)**

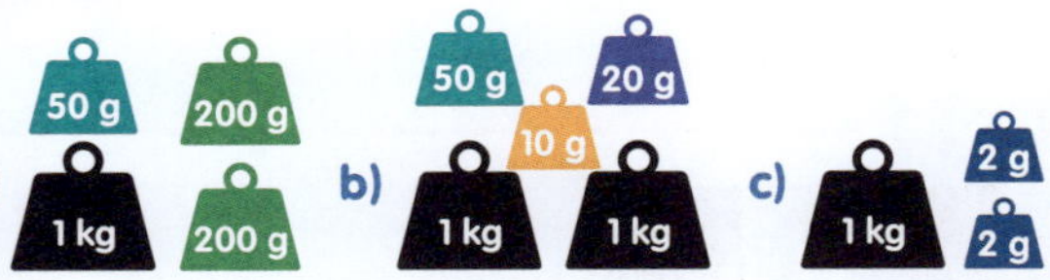

Non, ils ne peuvent pas tous monter dans l'ascenseur (20 kg + 34 kg + 28 kg = 82 kg).

PAGE 22

1. **a)** 123 546 – 35 908 – 4 654.
b) 45 760 – 333 879 – 8 980.
c) 9 808 – 78 909 – 278 908.
d) 4 562 – 452 478 – 62 589.

2. 345 et 867 ; 346 et 349 ; 56 891 et 99 000 ;
651 et 635 ; 4 567 et 3 989 ; 45 122 et 45 121 ;
912 et 910 ; 6 874 et 6 851 ; 78 894 et 78 864.

3. **a)** 234 678 > 78 987. **b)** 99 999 < 101 000.
c) 68 909 < 69 876. **d)** 899 348 < 899 384.
e) 345 009 < 349 000. **f)** 2 000 < 20 999.

4. **a)** **81 338** < **90 000** < **99 354**.
b) **Stade de France** < **Wembley** < **Camp Nou**.

PAGE 23

1.

20 × 10	30 × 10	2 000 : 10	4 000 : 10
10 000 : 10	3 000 : 10	100 × 10	40 × 10

2.

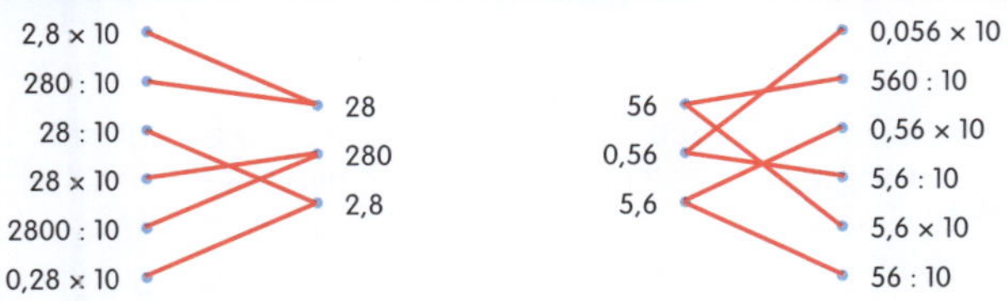

3. **a)** 10 – 9 – 12 – 25 – 36 – 48 – 53 – 64 – 546 – 9 002 – 234 987 – 675 678 – 67 567 765
Je peux diviser un nombre par 2 s'il se termine par **0**, **2**, **4**, **6**, ou **8**.

b) 37 – 15 – 55 – 23 – 40 – 38 – 10 – 35 – 678 – 455 – 89 060 – 765 657 – 12 343 455
Je peux diviser un nombre par 5 s'il se termine par **0** ou **5**.

c) 12 – 20 – 300 – 45 – 37 – 900 – 43 – 24 – 45 780 – 67 891 – 878 990 – 67 871 232
Je peux diviser un nombre par 10 s'il se termine par **0**.

4. **a)** 24 – ~~35~~ – ~~103~~ – 224 – ~~1 207~~ – 3 088 – 456 – 700 – ~~67 889~~ – 980 124

b) 20 – ~~43~~ – ~~64~~ – 100 – 75 – 145 – 3 040 – ~~731~~ – 67 980 – ~~123 451~~ – 341 885

c) 50 – ~~37~~ – 1 000 – 290 – ~~548~~ – ~~783~~ – 5 410 – ~~56 761~~ – 678 340 – 65 564 880

9,50 €.

PAGE 24

1.

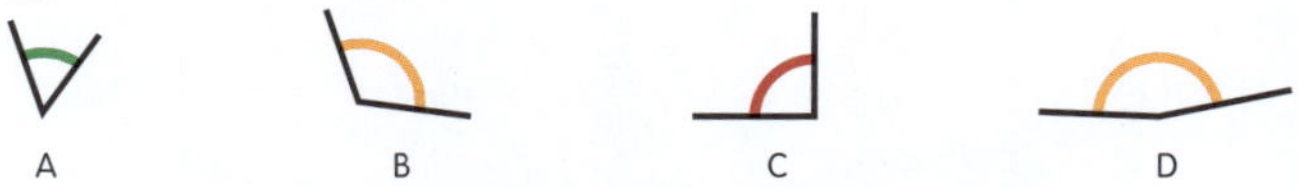

A < C < B < D

2.

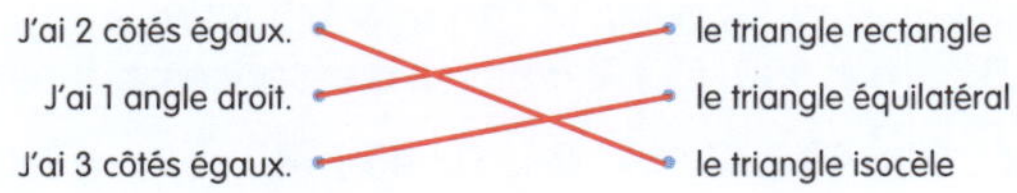

3.

4. **a)** Vrai. **b)** Faux. **c)** Faux. **d)** Faux.

PAGE 25

1. **a)** Un tout. **b)** Une partie. **c)** Une partie. **d)** Un tout.
2. **a)** Parts égales. **b)** Parts inégales. **c)** Parts égales. **d)** Parts inégales.
3. **a)** 15 + 5 = 20. Lucie a **20** billes.
   b) 200 – 43 = 157. Maman avait **157** photos à ranger.

15.

PAGE 26

1. **a)** $\frac{2}{4}$. **b)** $\frac{5}{6}$. **c)** $\frac{7}{10}$.

2. **a)** **b)** **c)** **d)**

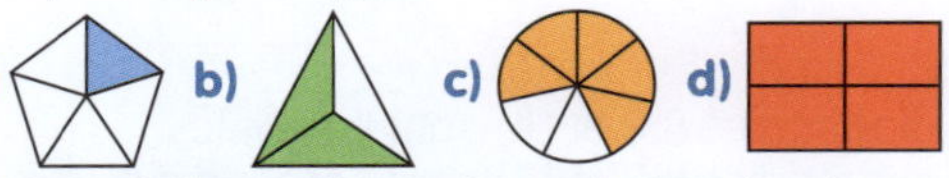

3. **a)** cinq dixièmes. **b)** un tiers. **c)** cinq demis.
d) trois huitièmes.

4. **a)** dix dixièmes. **b)** six tiers. **c)** deux demis.
d) deux quarts.

PAGE 27

1. **a)** 80 kg + 95 kg + 103 kg = 278 kg = 278 000 g < 280 000 g. Oui, ils peuvent prendre l'ascenseur ensemble.
b) 72 kg – 67 kg = 5 kg = 50 hg. Pierre a 50 hg en plus dans sa valise au retour.

2. 352 mL + 39 mL + 48 mL + 575 mL = 1 014 mL.
Et 1 014 mL – 980 mL = 34 mL. Il manque 34 mL.
Elle pourrait enlever le jus de citron.

27 m ou 270 dm.

PAGE 28

1. **a)** 2 kg = 2 000 **g**. **b)** 67 g = 670 **dg**. **c)** 800 mg = 8 **dg**. **d)** 60 000 mg = 60 **g**. **e)** 29 dL = **290** cL. **f)** 3 daL = **30** L. **g)** 34 cL = **340** mL. **h)** 89 L = **8 900** cL.
2. **a)** rectangle. **b)** isocèle. **c)** équilatéral. **d)** plus grand.
3. **a)** centièmes. **b)** millièmes. **c)** dixièmes. **d)** millièmes.
4. **a)** 4 900. **b)** 89. **c)** 58,3. **d)** 2,367.
5. **a)** 4 789 > 982. **b)** 67 871 < 68 000.
   c) 34 567 < 34 580. **d)** 451 868 > 451 861.

PAGE 29

6.

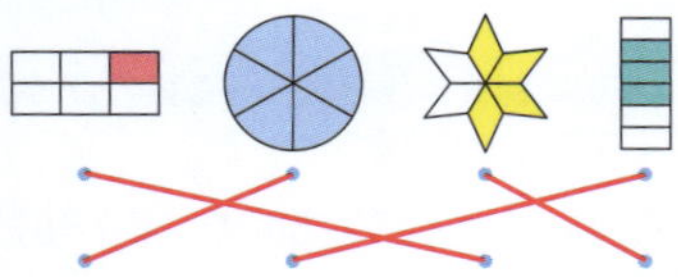

7. a)

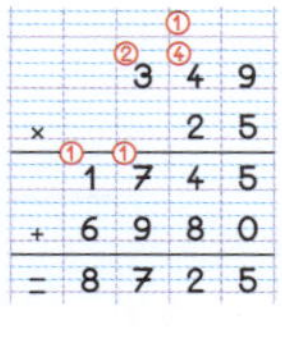

b)

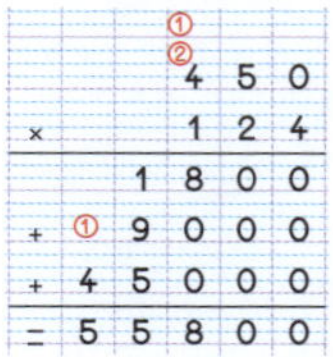

8. 42,86 km + 42,86 km + 147,3 km + 147,3 km = 380,32 km < 430. Oui, il a assez d'essence pour rentrer.

96 ; 90 ; 40 ; 22 ; 64 ; 24 ; 0 ; 45 ; 740 ; 5 840 ; 9 ; 53,6.

PAGE 30

1. ABDC est un **carré**. Ses quatre côtés sont de même **longueur**. Il a **quatre** sommets et ses quatre angles sont des angles **droits**.
EFGH est un **rectangle**. Ses côtés **opposés** sont égaux deux à deux. Il a quatre **angles** droits et quatre **sommets**.

2. **a)** Vrai. **b)** Vrai. **c)** Faux. **d)** Faux. **e)** Faux. **f)** Vrai.

3.

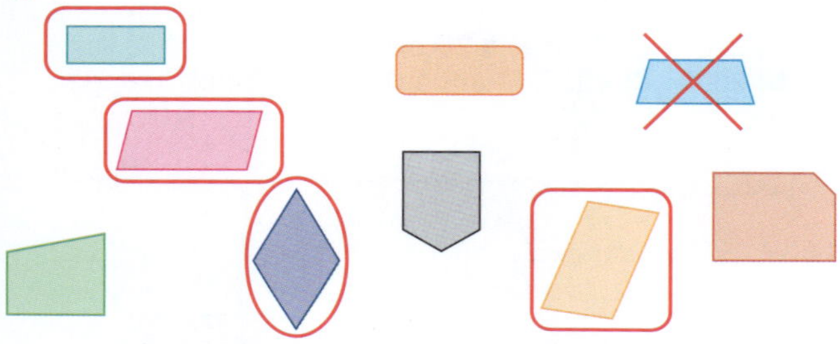

4. **a)** Les diagonales [IK] et [JL] sont parallèles.
b) Les diagonales [IK] et [JL] sont perpendiculaires.
c) Les diagonales [IK] et [JL] ont la même longueur.
d) Les diagonales [IK] et [JL] se coupent en leur milieu.

PAGE 31

1. **a)** $\frac{4}{6}$

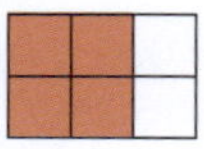

c) $\frac{5}{12}$

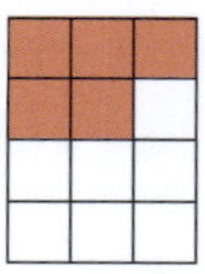

2. **a)** $\frac{1}{6} < \frac{3}{6} < \frac{5}{6} < \frac{6}{6} < \frac{7}{6} < \frac{9}{6} < \frac{12}{6}$.

b) $\frac{15}{5} > \frac{11}{5} > \frac{9}{5} > \frac{8}{5} > \frac{5}{5} > \frac{4}{5} > \frac{1}{5}$.

3.

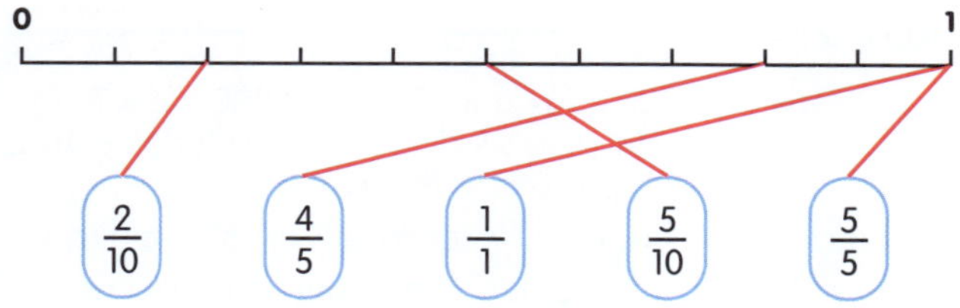

Il me reste $\frac{7}{9}$ du livre à terminer. ($\frac{9}{9} - \frac{2}{9} = \frac{7}{9}$)

PAGE 32

1.

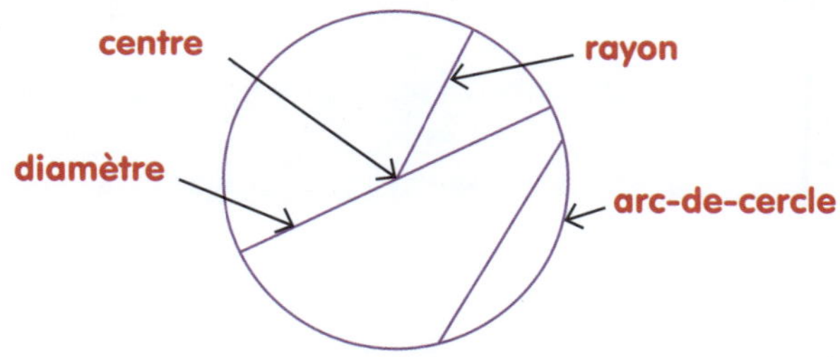

2. ~~Tous les points d'un cercle sont à une distance différente du centre.~~

3.

PAGE 33

1.

2. **a)** $\frac{5}{3} > 1$. **b)** $\frac{8}{9} < 1$. **c)** $\frac{4}{4} = 1$. **d)** $\frac{6}{2} > 1$. **e)** $\frac{5}{2} > 1$.
f) $\frac{7}{2} > 1$. **g)** $\frac{7}{7} = 1$. **h)** $\frac{3}{4} < 1$. **i)** $\frac{1}{2} < 1$.

3. **a)** $\frac{4}{4}$. **b)** $\frac{6}{2}$. **c)** $\frac{3}{5}$. **d)** $\frac{9}{3}$. **e)** $\frac{9}{2}$.

4. **a)** $\frac{6}{3}$ **b)** $\frac{11}{5}$. **c)** $\frac{6}{4}$. **d)** $\frac{12}{2}$. **e)** $\frac{8}{2}$. **f)** $\frac{5}{6}$.

J'ai **128** cartes en tout.

PAGE 34

1.

Euros						Centimes						Somme totale en € et en cts
50 €	20 €	10 €	5 €	2 €	1 €	50 cts	20 cts	10 cts	5 cts	2 cts	1 cts	
XXX		X			X		XX			X		161 € 42 cts
	X	X				X			X	XX		30 € 59 cts
X		X		XX				X			X	64 € 11 cts
XX	XX		X		X	X		X	X		X	146 € 66 cts

2. **a)** 525 < 550. Alexandra va acheter la télévision dans le magasin d'électroménager, car elle est **moins chère**.
b) 550 – 525 = 25. La différence de prix est **25** €.

3. **a)** Il dispose de **85 €**. **b)** Oui. **c)** 85 – 79,80 = 5,2. Il lui restera **5,20 €**. **d)** Il doit donner **3 billets de 20 €**, **1 billet de 10 €** et **2 billets de 5 €**. **e)** On lui rendra **20 cts**.

PAGE 35

1.

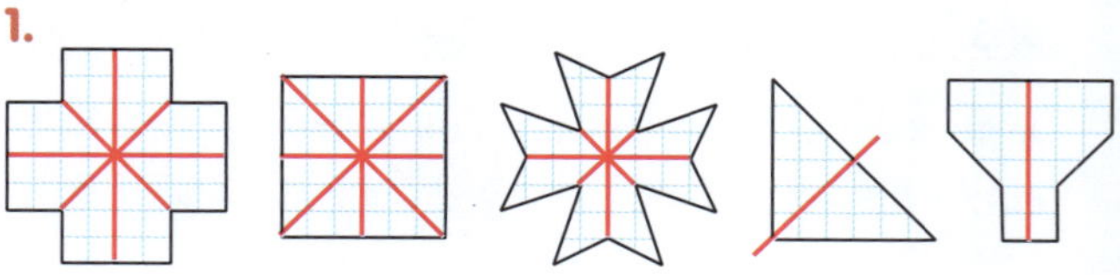

2.

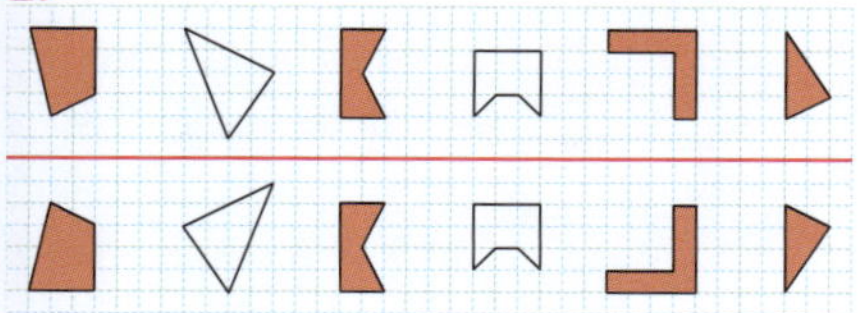

3.

PAGE 36

1. a)

1 3 6 6	6
− 1 2	2 2
1 6	
− 1 2	
4	

b)

1 8 9 7	7
− 1 4	2 7
4 9	
− 4 9	
0	

2. a)

9 8 4	4
− 8	2 4
1 8	
− 1 6	
2	

b)

7 9 6	6
− 6	1 3
1 9	
− 1 8	
1	

c)

9 4 5	5
− 5	1 8
4 4	
− 4 0	
4	

3. Le calcul **b** est faux.

PAGE 37

1.

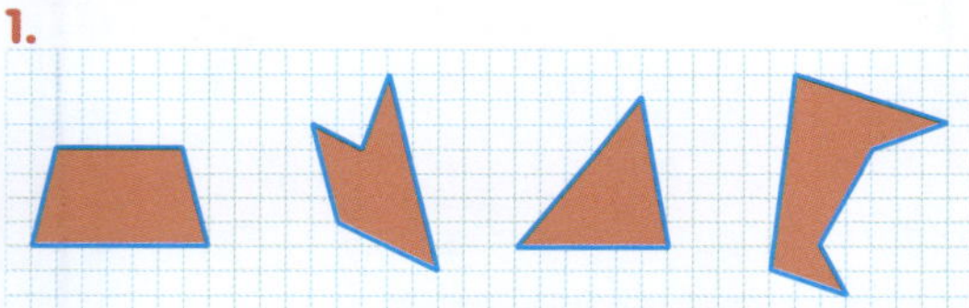

2.

	a.	b.	c.	d.
Aire (en unités)	9	24	6	12
Périmètre (en cm)	12	20	14	16

3. *Exemple :*

Le rectangle a une aire de 15 unités.

PAGE 38

1. a)

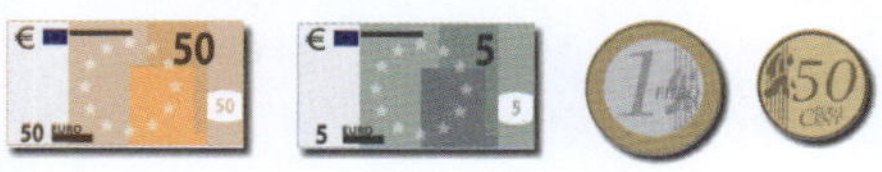

b)

c)

d)

2.

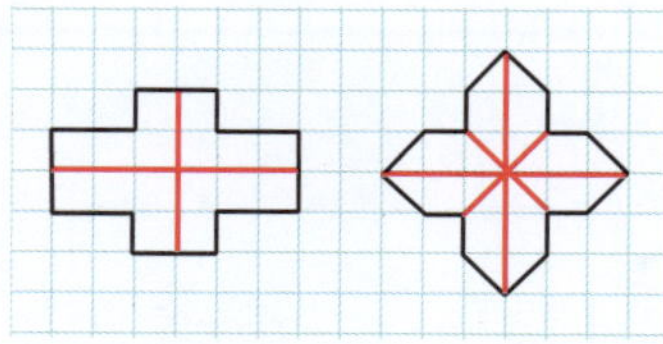

3.

4.

a.	$\frac{8}{12}$	$\frac{4}{12}$
b.	$\frac{4}{8}$	$\frac{4}{8}$

PAGE 39

5. a)

1 4 2 3	3
− 1 2	4 7
2 2	
− 2 1	
1	

b)

2 6 9 7	7
− 2 1	3 8
5 9	
− 5 6	
3	

c)

7 7 7 8	8
− 7 2	9 7
5 8	
− 5 6	
2	

6.

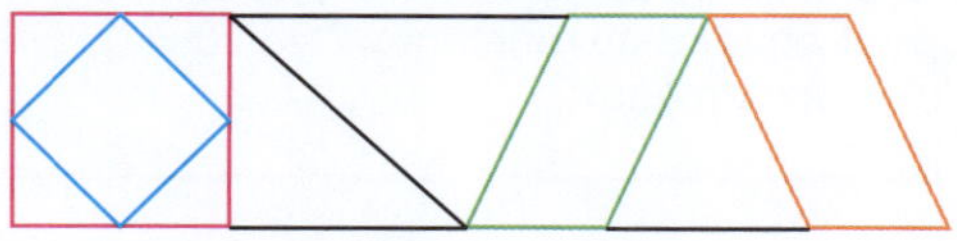

7.

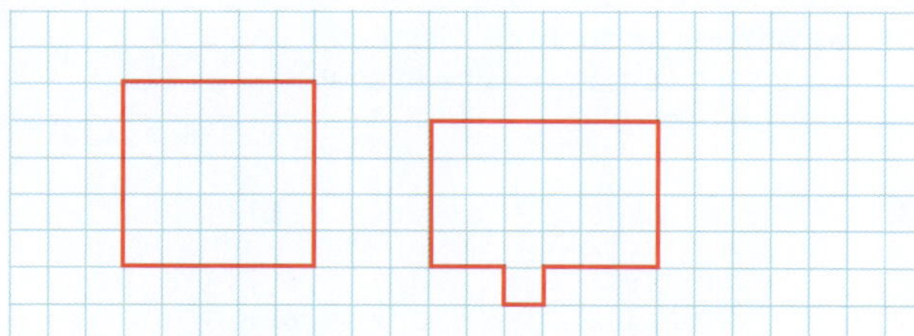

42 ; 30 ; 73 ; 81 ; 44 ; 84 ; 46 ; 30 ; 23 ; 44 ; 30 ; 50.

PAGE 40

1. Ce solide est **une pyramide**.

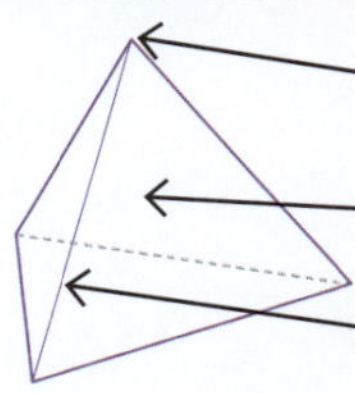

2. **a)** Vrai. **b)** Vrai. **c)** Faux. **d)** Faux. **e)** Faux.

3.

Solide	Nombre de faces	Nombre d'arêtes	Nombre de sommets
cube	6	12	8
prisme	5	9	6
pavé droit	6	12	8

4.

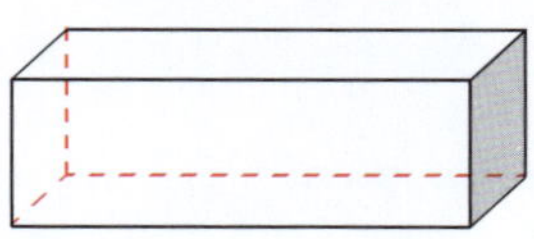

PAGE 41

1. a)

```
  9 0 2
−   9 4
= 8 0 8
```

b)

```
      1 3 9
  ×     4 1
      1 3 9
+   5 5 6 0
=   5 6 9 9
```

c)

```
  1 8 9 | 3
− 1 8   | 6 3
    0 9
  −   9
      0
```

2. a)

```
  8 8 3 1
+   6 5 9
= 9 4 9 0
```

b)

```
    2 7
+ 1 3 4
+ 4 2 8
= 5 8 9
```

c)

```
  2 4 1 7
− 1 3 8 7
= 1 0 3 0
```

3. a) 477 – 17 = 460. b) 1 381 + 23 = 1 404.
c) 103 × 20 = 2 060. d) 575 : 25 = 23.
e) 828 : 4 = 207. f) 709 + 11 = 720.

4. a) 10 + 9 + 5 = 24. b) (100 × 2) + 5 = 205.
c) (100 × 5) + 6 + 9 = 515.
d) 2 + 2 = 4 ; 6 + 2 = 8 et 8 × 4 = 32.

Jules termine sa course en 3 minutes et 27 secondes.

PAGE 42

1. a) 216 euros (9 × 24). b) 600 kilomètres (20 × 30).
c) 6 bonbons (24 : 4).

2. a) 120 : 4 = 30. Il y a **30** véhicules par rangée.
b) 182 : 7 = 26. **26** techniciens sont nécessaires pour vérifier la totalité des trains.

3. On partage une ficelle de 96 cm en morceaux de 8 cm. Combien peut-on faire de morceaux ? 96 : 8 = 12. On peut faire 12 morceaux.

PAGE 43

1. a) 55. b) 550. c) 513. d) 40. e) 780.

2. Les virgules ne sont pas alignées, les classes de nombres ne le sont donc pas non plus.

```
  3 4 8, 8 9 0
+   1 2, 5 4 1
= 3 6 1, 4 3 1
```

3. a)

```
  1 2 3, 8 9
+   5 4, 5 0
= 1 7 8, 3 9
```

b)

```
  5 6 7, 8 7
−   6 7, 3 0
= 5 0 0, 5 7
```

85 euros. (32 + 14 + 24 = 70 ; 70 + 15 = 85)

PAGE 44

1.

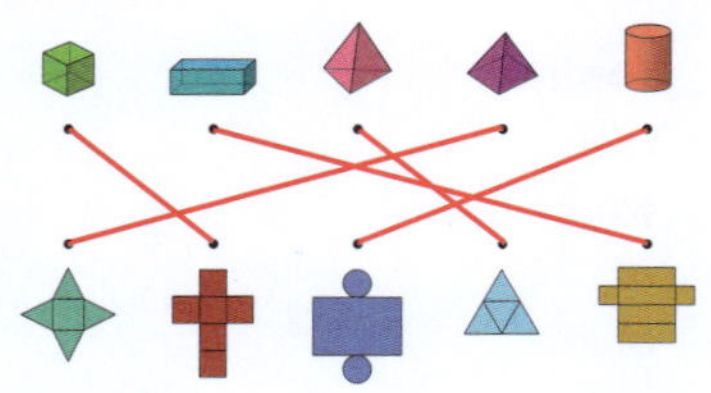

2. a) La face F. b) Non. c) 12. d) Non. e) 4. f) Oui.

3.

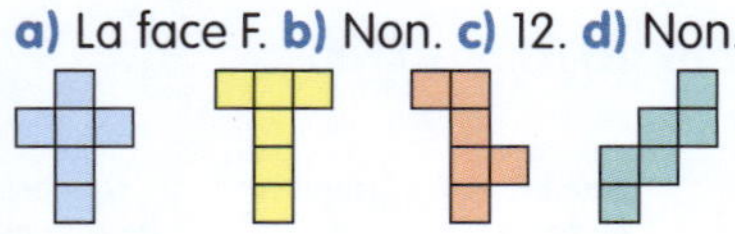

PAGE 45

1. a) Faux. b) Vrai. c) Faux. d) Vrai.

2.

Nombre de tickets de cinéma	2	4	10	50	100	200
Prix en euro	3	6	15	75	150	300

3.

	4	20	6
Farine en grammes	400	2 000	600
Sucre en grammes	240	1 200	360
Beurre en grammes	100	500	150
Œufs	4	20	6
Pépites de chocolat	30	150	45

Lucie a **17** sucettes (13 + 4) et Paul a **15** sucettes (17 – 2).

PAGE 46

1. 28 – 13 = 15. Il y a **15** filles inscrites en athlétisme ;
43 – 21 = 22. Il y a **22** garçons qui participent à l'activité théâtre ; 15 + 17 = 32. Il y a **32** inscrits en art visuel.
28 + 32 + 43 = 103. Il y a **103** enfants inscrits en tout.

2. a) 46 – 12 = 34. Il y a **34** places en bas.
b) 46 + 34 = 80. Il y a **80** places au total dans le car.
c) 80 – 63 = 17. Il reste **17** places libres.

3. Coût du camping pour 5 nuitées : 15 × 5 = 75 euros ; coût total du séjour : 489 + 75 = 564 euros. Le séjour coûte **564** euros au total.

PAGE 47

1. a) La touche correspond à la virgule d'un nombre décimal. b) 4 007,3 × 3,9 = 15 628,47.

2. a) 2 287. b) 6 427. c) 8 429. d) 426. e) 1 714. f) 6 295.
g) 41 007,5. h) 796,48. i) 5 042,6355. j) 259,375. k) 64.
l) 22,6.

3. **5**, **4**, **6**, **.**, **2**, **÷**, **1**, **8**, et **=** ; le résultat est 30,3444…

4. 21 × 11 = 231 ; 35 × 15 = 525 ; 231 + 525 = 756.
Elle a payé **756** euros.

175 ; 758 ; 381 ; 552 ; 360 ; 8 100.

PAGE 48

1. a)

```
    2 3 4
+ 8 9 6 5
= 9 1 9 9
```

b)

```
  4 5 6 | 5
− 4 5   | 9 1
      6
    − 5
      1
```

c)

```
    5 3 1
  ×     4
= 2 1 2 4
```

2. a)

```
  8 4 1, 4 0
+   1 2, 8 3
= 8 5 4, 2 3
```

b)

```
  5 4 3, 2 0
+   1 2, 5 1
= 5 3 0, 6 9
```

3. a) 55 – 15 = 40. Lucie avait **40** euros avant son anniversaire. b) 12 × 8 = 96. Paul a **96** cartes.

PAGE 49

4.

Nombre de croissants	5	10	15	20	30
Prix en euros	6	12	18	24	36

a) Je paie **6** euros si j'achète 5 croissants.
b) Je paie 18 euros si j'achète **15** croissants.
c) Je paie **24** euros si j'achète 20 croissants.

5.

Nombre de tours	1	2	200
Distance parcourue (en cm)	120	240	24 000

Antoine va parcourir **240** m.
(24 000 cm = 240 m)

6.

Solides		Autres
Polyèdres	Non polyèdres	
C ; D	A	B ; E

8,5 ; 25,4 ; 10,9 ; 18,7 ; 3,7 ; 12,9 ; 6,7 ; 4,7 ; 11,5 ; 23,5 ; 32,5 ; 7,5.